江苏高校“青蓝工程”资助项目（苏教师函〔2023〕27 号）资助
江苏建筑节能与建造技术协同创新中心青年博士基金计划项目（SJXTBS2123）资助

寒冷地区既有建筑低碳化改造技术研究与应用

张丽娟　著

中国矿业大学出版社
·徐州·

内 容 提 要

随着全球气候变化加剧及能源危机的日益严峻，如何在保障居民生活舒适度的同时，有效减少建筑能耗与碳排放量，成为亟待解决的重要课题。本书系统阐述了寒冷地区特有的建筑节能设计策略、高效能源利用技术、相变储能材料应用以及可再生能源集成系统等方面的技术研究与应用。通过深度剖析与案例分享，不仅丰富了建筑低碳技术的理论体系，也可以为建筑设计、施工及运维人员提供参考，对促进节能减排目标的实现具有重要意义。

图书在版编目(CIP)数据

寒冷地区既有建筑低碳化改造技术研究与应用 / 张丽娟著. — 徐州 : 中国矿业大学出版社，2024. 12.

ISBN 978 - 7 - 5646 - 6584 - 5

Ⅰ. TU111.4

中国国家版本馆 CIP 数据核字第 2024MS9583 号

书　　名　寒冷地区既有建筑低碳化改造技术研究与应用
著　　者　张丽娟
责任编辑　吴学兵
出版发行　中国矿业大学出版社有限责任公司
　　　　　　（江苏省徐州市解放南路　邮编 221008）
营销热线　(0516)83885370　83884103
出版服务　(0516)83885312　83884920
网　　址　http://www.cumtp.com　**E-mail**:cumtpvip@cumtp.com
印　　刷　江苏凤凰数码印务有限公司
开　　本　787 mm×1092 mm　1/16　**印张** 10.75　**字数** 205 千字
版次印次　2024 年 12 月第 1 版　2024 年 12 月第 1 次印刷
定　　价　48.50 元

前　言

能源是人类社会发展过程中必不可少的基石之一。随着传统化石能源的逐渐枯竭，有限的资源与快速增长的能源需求之间的矛盾日益加剧，供应趋紧的同时，也引发了一系列环境问题，如气候变化、空气污染和水资源紧缺等。面对这一严峻形势，国家提出了碳达峰与碳中和（简称“双碳”）的重大战略决策，这一战略对于推动经济社会高质量发展、应对全球气候变化具有重要意义。由于室内环境的改善，建筑舒适度逐渐提高，建筑能耗也随之增长。目前，建筑领域的能耗大约占到全社会总能耗的30%～40%，这使得建筑低碳化改造成为“双碳”目标的关键路径之一。通过优化建筑设计、更新设备设施、改善建筑隔热等措施，建筑低碳化改造能够显著降低建筑的能源消耗，减少温室气体排放，实现环境友好型发展；同时，低碳建筑还能创造更健康、舒适的室内环境，提升居民的生活质量，缓解能源压力，促进建筑行业的转型升级和高质量发展。

本书研究的对象是寒冷地区既有建筑低碳化改造技术，全书共8章。第1章主要介绍了既有建筑低碳化改造的研究现状。第2章重点研究寒冷地区气候条件下既有建筑的外墙、屋面、外窗等围护结构的低碳化改造技术。第3章重点研究寒冷地区气候条件下既有建筑暖通空调系统余热回收，高效冷热源、热泵技术，运行维护管理等低碳化改造技术。第4章以徐州市为例，测试并分析徐州地区太阳能热水系统的热利用效率；研究太阳能光热、太阳能光电技术在寒冷地区既有建筑改造中的应用。第5章介绍相变材料在围护结构、太阳能热泵、余热利用、地板敷设供暖、蓄冷空调等方面的应用。第6章重点研究了寒冷地区相变储能墙体保温隔热改造技术在徐州地区的应用。第7章以某既有公共建筑为例，从建筑节能诊断入手，结合工程实际，从围护结构、暖通空调、水电系统等提出了低碳化改造方案，并对建筑低碳化改造效益进行了深入分析。第8章总结了全书的主要研究成果并对后续研究进行展望。

既有建筑低碳化改造是一项系统、复杂的工程，本书仅对寒冷地区既有建筑进行了初探，由于环境、建筑物功能、既有建筑现有条件的差异性，仍有诸多问题需要进行深入实践及探究。

本书得到了江苏高校“青蓝工程”资助项目（苏教师函〔2023〕27号）、江苏建筑节能与建造技术协同创新中心青年博士基金计划项目（SJXTBS2123）的资助。

衷心感谢田国华正高级工程师、陈益武教授的鼎力支持，不仅为本书提供了丰富的素材，更以独到见解给予宝贵指导，为本书增色添彩。

由于作者水平有限，本书难免存在疏漏欠妥或错误之处，恳请各位专家和读者不吝批评指正。

著者

2024年5月

目　录

1 绪　论

1.1 研究背景

1.1.1 能源危机

能源是人类社会发展过程中必不可少的基石之一。根据《BP 世界能源统计年鉴 2024》[1]统计，2023 年全球能源消费量为 619.63 EJ，一次能源消费总量同比增长 2.0%，其中化石燃料占能源消费的 81.5%。煤炭、石油和天然气等化石燃料的消费量及碳排放量均刷新以往纪录。作为全球性挑战，能源危机不仅威胁到各国的可持续发展，还直接影响到经济增长、社会稳定以及人们的生活质量。随着传统化石能源的逐渐枯竭，有限的资源与快速增长的能源需求之间的矛盾日益加剧，供应趋紧的同时，也引发了一系列环境问题，如气候变化、空气污染和水资源紧缺等。

化石能源的大量使用使得环境受到严重的破坏，如煤及燃料油等含硫物质燃烧会产生 SO_2、氮氧化物、CO 和氟化物等多种有毒物质。18 世纪工业革命以后，人类消耗的化石燃料（煤、石油、天然气等）大幅增加，导致大气中的 CO_2 等温室气体浓度骤增，这类气体可以使太阳的短波辐射透过，但阻挡了地球向宇宙发射长波辐射，从而使地球表面和大气温度升高。随着 CO_2 等温室气体含量的持续增长，全球变暖逐渐成为影响人类生存和发展的重大环境问题。为减少温室气体的排放，加大清洁能源如太阳能、地热能、风能、生物能、海洋能和氢能等的使用比例，是实现低碳经济和低碳生活的较好方法。

1.1.2 建筑能耗

建筑领域是全世界能源消耗和环境污染的重灾区。据联合国环境规划署统计，全世界范围内，建筑领域的能耗大约占到全社会总能耗的 30%～40%[2]。

在我国，随着经济的发展和人民生活水平的提高，建筑能耗的占比不断增长。据统计，我国总建筑商品能耗，在 2011 年为 6.87 亿吨标准煤当量 tce，2021 年增长到 11.1 亿 tce，增长了约 60%，大致占 2021 年社会总能耗的 21%。

建筑能耗的增长的主要原因，一方面是由于室内环境的改善，即为了提高建筑舒适度导致耗能增加；另一方面是由于近年国内建筑数量爆发式增长，建筑总面积增加惊人[3]。建筑的高能耗，不仅给能源供应带来了巨大压力，同时也带来了更多的污染排放问题。据统计，2021 年我国建筑碳排放的 CO_2 达到 52.2 亿 t，同比增长 2.7%；建筑能耗上升至 22.33 亿 tce，年增速为 6.0%[4]。中国国家主席习近平在 2020 年 9 月 22 日的联合国大会上郑重宣布了中国政府在应对气候变化方面的战略部署：CO_2 排放力争于 2030 年前达到峰值，努力争取 2060 年前实现碳中和。为实现"双碳"目标，建筑节能减排刻不容缓[5]，寻求可再生能源在建筑能耗上的应用，对节约能源有着非常重要的意义。

既有建筑由于建设年代较早，存在基数大、能耗高、效率低的问题。对既有建筑进行低碳化改造是缓解能源压力、促进经济转型升级、改善室内环境、应对气候变化、推动社会可持续发展的重要途径，也是实现"双碳"目标的关键路径之一。通过优化建筑设计、更新设备设施、改善建筑隔热等改造措施，可降低建筑的能源消耗，减少温室气体排放，实现环境友好型发展，还能促进建筑行业的转型升级和高质量发展。

1.2 国内外研究现状

1.2.1 国外研究现状

近年来，国外在既有建筑低碳化改造技术方面进行了大量的实践，在提高建筑能效、优化能源应用、减少碳排放以及可再生能源利用等方面取得了丰富的研究成果和实践经验。

德国通过制定严格的建筑能效法规和标准，推动了大量既有建筑的低碳化改造。例如，德国的"被动房"技术被广泛应用于既有建筑的改造中，通过增强建筑围护结构的保温隔热性能、优化室内通风换气系统等措施，大幅降低了建筑能耗[6]。此外，德国还大力发展可再生能源技术，如在既有建筑上布置太阳能光伏板和地热能利用系统，实现了建筑能源的自给自足和低碳排放[7]。

日本政府通过采用建筑节能标识制度和提供财政补贴等激励措施，鼓励企业和个人对既有建筑进行低碳化改造。同时，日本还注重建筑全生命周期的能源管理，通过引入智能化管理系统和采用高效节能设备，实现了建筑能耗的精细化管理和控制[8-10]。

美国政府通过加大对建筑节能技术的研发投入，支持高校和企业开展合作研究，开发出了一系列适用于既有建筑改造的高效节能技术和产品。例如，美国的智能建筑系统通过集成各种传感器和控制系统，实现了对建筑能耗的实时监测和智能调控，从而有效降低了建筑能耗和碳排放量[11-13]。

瑞典、荷兰等通过制定综合的节能政策和实施多元化的改造措施，如建筑保温隔热改造、暖通空调系统优化、可再生能源利用等，成功推动了既有建筑的低碳化转型[14-15]。

国外在既有建筑低碳化改造技术的研究上呈现出多元化、创新化的发展趋势。这些研究成果不仅为全球建筑行业的低碳转型提供了有力支持，也为我国开展既有建筑低碳化改造提供了宝贵的经验和启示。

1.2.2 国内研究现状

与发达国家相比，我国在建筑节能方面的工作起步较晚。1986 年，建设部颁布了《民用建筑节能设计标准(采暖居住建筑部分)》(JGJ 26—1986)，首次提出了节能率 30%的要求，标志着我国建筑节能工作的开始。而 2000 年颁布的《既有采暖居住建筑节能改造技术规程》(JGJ 129—2000)，标志着既有居住建筑的低碳化改造技术开始在我国严寒及寒冷地区(北方供暖地区)使用。目前，既有建筑低碳化改造技术的研究处于快速发展阶段，并取得了显著的研究成果和实践经验。随着“双碳”战略的深入实施和绿色建筑理念的普及，越来越多的科研机构、高校和企业开始投入到这一领域的研究中。

国内研究主要围绕以下几个方面展开：一是优化建筑围护结构，提高保温隔热性能，通过外墙保温、屋顶绿化、门窗低碳化改造等措施，减少建筑能耗[16-18]；二是改进建筑设备系统，如暖通空调系统、照明系统等，采用高效节能设备和智能控制技术，提升系统能效[19-22]；三是探索可再生能源在既有建筑中的应用，如通过安装太阳能光伏板、地源热泵等设备充分利用太阳能、地热能等，实现建筑能源的自给自足[9-12]；四是研究建筑能耗监测与管理技术，通过安装能耗监测系统和运用大数据、云计算等现代信息技术，实现对建筑能耗的实时监测和精细化管理[10-14]。

近年来，我国越来越重视建筑低碳化改造。在政策支持方面，政府出台了一系列鼓励既有建筑低碳化改造的政策措施，如绿色建筑评价标准、低碳化改造补贴政策等，为既有建筑低碳化改造提供了有力的政策保障；同时，各地政府也结合自身实际情况，制定了具体的实施方案和行动计划，推动既有建筑低碳化改造工作的深入开展。在法律方面，国家出台了一系列法律法规和标准规范，如《中华人民共和国节约能源法》《中华人民共和国可再生能源法》《民用建筑节能条例》等，为建筑低碳化改造提供了法律保障。同时，《建筑节能与可再生能源利用通用规范》(GB 55015—2021)、《绿色建筑评价标准》(GB/T

50378—2019)等标准的发布,进一步推动了建筑低碳化改造的标准化和规范化。

建筑低碳化改造在国内外均取得了显著进展。未来,随着全球对气候变化的关注和应对力度的加大,既有建筑低碳化改造将成为建筑行业发展的重要趋势之一。

1.3 研究内容

本书重点研究寒冷地区既有建筑低碳化改造技术,主要从既有建筑的围护结构低碳化改造技术、暖通空调低碳化改造技术、太阳能利用技术和相变材料在既有建筑低碳化改造中的应用技术等几方面进行系统研究,并结合实际工程案例分析既有建筑改造的节能效益和经济效益。

(1) 围护结构低碳化改造技术

重点研究寒冷地区气候条件下既有建筑的外墙、屋面、外窗等围护结构的低碳化改造技术。

(2) 暖通空调低碳化改造技术

重点研究寒冷地区气候条件下既有建筑暖通空调的余热回收,高效冷热源、热泵技术,运行维护管理等方面的低碳化改造技术。

(3) 太阳能利用技术及应用

以徐州市为例,测试并分析徐州地区太阳能热水系统的热利用效率;研究太阳能光热、太阳能光电技术在寒冷地区既有建筑改造中的应用。

(4) 相变材料在既有建筑低碳化改造中的应用技术

介绍相变材料在围护结构、太阳能热泵、余热利用、地板敷设供暖、蓄冷空调等方面的应用。

(5) 相变储能墙体保温隔热改造技术

以徐州地区为例,重点研究了寒冷地区相变储能墙体保温隔热改造技术,确定了徐州地区冬季工况相变储能墙体的适宜相变温度,揭示了不同构造相变墙体的传热特性。

(6) 既有公共建筑低碳化改造及综合效益分析

以某既有公共建筑为例,从建筑节能诊断入手,结合工程实际,从围护结构、暖通空调、水电系统等方面提出了低碳化改造方案,并进行了详细的改造效益分析。

2 围护结构低碳化改造技术

对于寒冷地区来说，围护结构对建筑低碳化改造有着重要作用。研究表明，改善围护结构热工性能可提升约50%的节能率[11]，由此可见，改善围护结构的热工性能，对于提高室内舒适度和减少建筑能耗来说尤为关键。基于改造工程的可实施性，本章仅对围护结构中的外墙、屋面及外窗的低碳化改造技术进行研究。

2.1 外墙低碳化改造技术

在建筑围护结构中，外墙所占的面积最大，其热损失占围护结构总能耗的25%～30%[12]，由此可见，外墙在围护结构的传热中有着重要地位。作为围护结构低碳化改造技术中的一种，外墙低碳化改造技术主要通过对外墙进行保温处理，以减小外墙传热系数，从而减少外墙热损失。

2.1.1 外墙外保温技术

2.1.1.1 外墙保温材料的选用

外墙传热系数的高低与供暖能耗密切相关，传热系数越小，供暖能耗越低。传热系数与保温材料热阻性能有着直接关系。现阶段应用于外墙保温的常用材料基本分为三大类：保温板材、保温砂浆和现场发泡保温材料。外墙保温材料由于品种多样，需要根据环境要求和施工工艺进行筛选，具体如下：

(1) 保温板材

一是各种发泡板材，如普通泡沫聚苯板、挤塑聚苯板和硬质发泡聚氨酯板，此类保温板材目前在建筑上的采用率较高；二是棉类保温板材，如岩棉板或玻璃棉板，此类保温板材均为工厂工业化制品，一般用黏结或锚固等方法与墙体固定。

(2) 保温砂浆

又称为不定型保温材料，一般由阻隔型保温材料和砂浆材料混合而成，是用于建(构)筑表面保温层的一种建筑材料。材料本身有一定的强度且具有阻燃性，根据使用的部位可分为外墙内抹用和外墙弧形拐角或特殊造型处施工。

该产品在处理热桥问题上尤为独特，保证了一定的市场。但其材料的导热系数远不如保温板材。

(3) 现场发泡保温材料

现场发泡保温材料是一种通过专用设备在现场进行发泡施工的保温材料，主要用于建筑隔热和保温。喷涂型保温材料的成分多为硬质发泡聚氨酯和全水基软泡聚氨酯，通过发泡剂、催化剂、阻燃剂等多种助剂的作用，进行高压喷涂现场发泡以达到施工目的。

除了传热系数，保温材料的选用还必须考虑综合性能，由于建筑用保温材料的使用环境相差很大，对各种性能的要求也不尽相同。目前节能建筑常用保温材料有挤塑聚苯板、发泡聚苯板、胶粉聚苯颗粒砂浆、发泡聚氨酯、稀土类珍珠岩等[13]。

2.1.1.2 外墙外保温系统形式的选择

根据保温层的位置不同，外墙保温形式有外保温和内保温两种。外墙外保温的保温层置于建筑物围护结构的外侧，而蓄热能力较大的结构层在墙体内侧，可以缓冲由于室外温度变化引起的室内温度的变化，有利于室温保持稳定。此外，采用外墙外保温可以有效防止和减少热桥部位产生的结露，消除因热桥效应造成的附加热损失，从而提高墙体的保温性能[14]。虽然外墙外保温技术也存在防护能力差、对保温材料要求较高等缺点，但由于既有建筑低碳化改造时，内保温技术存在减少使用面积、增加搬家工作量等问题，外墙外保温技术更适用于既有建筑的低碳化改造。本书重点介绍两种适用于寒冷地区的外墙保温技术。

(1) EPS 外墙外保温系统

EPS 外墙外保温系统主要采用 EPS 板（聚苯板）作为保温层，通过黏合剂或锚固件固定在外墙基层上。该技术施工简单，适用性强，自重轻，易加工。但需注意该保温层的耐久性能取决于黏合剂和锚固件的耐久性，需确保材料质量；同时墙面抹灰和涂料施工需注意防止裂缝和渗水问题。

(2) 胶粉聚苯颗粒外墙外保温系统

胶粉聚苯颗粒外墙外保温系统主要以预混合型干拌砂浆作为胶凝材料，加入适当的抗裂纤维及多种添加剂，以聚苯乙烯泡沫颗粒为轻骨料，按比例配置后，在现场搅拌均匀并涂抹于基层墙面上，形成连续的保温层。该技术成本较低、保温隔热性能好、工艺简单、透气性好，但应选用质量优异的材料，且施工过程中应严把质量关，避免出现空鼓开裂等现象。

2.1.1.3 外墙外保温技术施工工艺

1. 墙面基层处理

既有建筑改造中，外墙外保温系统的质量很大程度上取决于外保温材料与基层墙面的结合是否可靠。为此，必须对基层墙面进行处理。首先要清除墙面杂质、粉尘等，确保墙面干净；其次要对墙面上的裂缝、缺口等填补平整；最后，使用底漆进行墙面涂刷，增强保温材料与墙面的黏结力。

2. 保温材料安装

不同的保温系统，安装方式也不同，如粘贴、锚固、喷涂等，具体如下：

(1) 粘贴

该方法采用专用的黏结砂浆或胶黏剂，均匀涂抹于墙面或保温板背面，再将保温板黏结在墙体主体结构上，外层上用玻璃纤维网格布、水泥砂浆形成保护层，再做饰面。注意在施工中，应确保板材与墙面紧密贴合，无空鼓、松动等现象。粘贴完成后，应对板材的垂直度和平整度进行检查和调整。

(2) 锚固

锚固法是通过使用锚固件将保温板材或其他保温材料牢固地固定在基层墙面上。首先，在处理好的基层墙面上，按要求进行钻孔，再将锚固件通过敲击或旋转等方式，固定在基层墙面；其次，将保温板放置在墙面上，并使用锚固件固定。钻孔的位置和间距应根据设计要求进行确定，且深度与直径应根据锚固件的要求进行确定。在安装锚固件时，应确保其固定牢固、无松动；同时，应检查保温材料与墙面的贴合情况，如有空鼓、松动等现象应及时进行处理。

(3) 喷涂

喷涂法主要依赖于专用的喷涂设备和保温材料。首先，在施工过程中，将保温材料通过喷涂设备均匀地喷涂在基层墙面上，形成一层致密的保温层。这种施工方法不仅适用于平面墙面，还能很好地适应复杂的外墙形状和构造节点。注意喷涂时，应保持喷涂压力稳定，确保涂层厚度均匀。喷涂完成后，需根据材料特性进行固化，固化期间应避免雨水、阳光及外力等因素的影响。

3. 外饰面层的改造

对于既有建筑外墙改造来说，外饰面层不仅影响着建筑物的美观度，更关系到外保温系统的性能和使用寿命。针对不同的保温材料，应选用适宜的饰面材料与方法。常见做法有以下两种：

(1) 抹灰类饰面

采用水泥、石灰、石粒及砂浆等材料，通过分层涂抹的方式形成饰面层。抹灰饰面可以采用多种传统做法，如水泥砂浆抹灰、灰线抹灰、搓毛、水泥拉毛等，也可以采用新型材料和技术，如饰面清水混凝土和装饰清水混凝土等。

(2) 涂料类饰面

采用各种涂料对外墙进行涂刷，形成具有装饰效果的饰面层。涂料类饰面具有施工简便、色彩丰富、成本低廉等优点。

需要注意的是，施工过程中要严格按照施工工艺要求进行，确保饰面层的平整度和黏结强度。对于抹灰类饰面，要注意分层涂抹和砂浆的配比；对于涂料类饰面，要注意涂料的涂刷均匀度和干燥时间。

2.1.2 外墙自保温技术

外墙自保温技术是一种创新型建筑保温技术，它利用墙体材料本身的保温隔热性能，使墙体自身就具备优良的保温效果，无须在墙体内侧或外侧额外施加保温层。自保温砌块是一种内部含有保温材料的砌块，其保温性能优于普通砌块，能够直接用于外墙自保温系统的构建。自保温砌块的研究与应用可有效降低外墙能耗[15]。

在块型一定的情况下，自保温砌块孔型的不同对墙体热工性能的影响很大。本书运用有限元分析软件 ANSYS 对不同孔型的自保温砌块热工性能进行模拟研究，并在此基础上选择最优孔型。

2.1.2.1 孔型初步设计

目前，我国复合(空心)砌块主要有：K 式砌块、N 式砌块、连锁砌块、填充砌块[16]。综合上述各类型现有典型保温砌块的优缺点，扬长避短，根据规范要求及热工性能、力学性能等的要求，初步设计了三种孔型：

(1) 孔型 1。KX-1 是一种常见的错位双排孔空心砌块的孔型，如图 2-1 所示。砌块尺寸为 390 mm×240 mm×190 mm；孔洞为矩形，一大一小交错布置；砌块孔洞率为 30%。

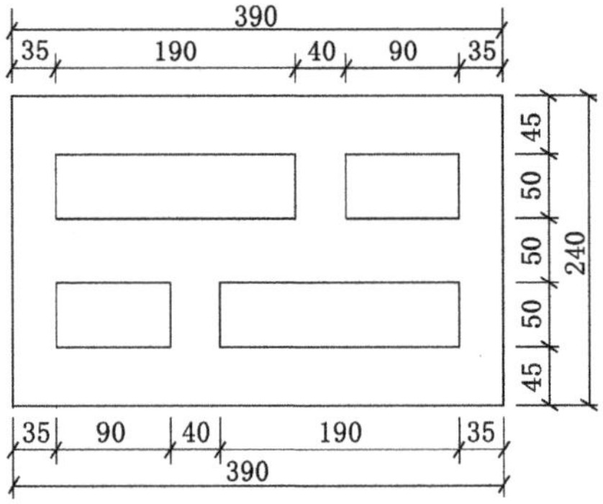

图 2-1 KX-1 平面图

(2) 孔型 2。KX-2 是一种常见的双排孔空心砌块的孔型，如图 2-2 所示。砌块尺寸为 390 mm×240 mm×190 mm；孔洞为矩形，尺寸为 150 mm×45 mm；砌块孔洞率为 29%。

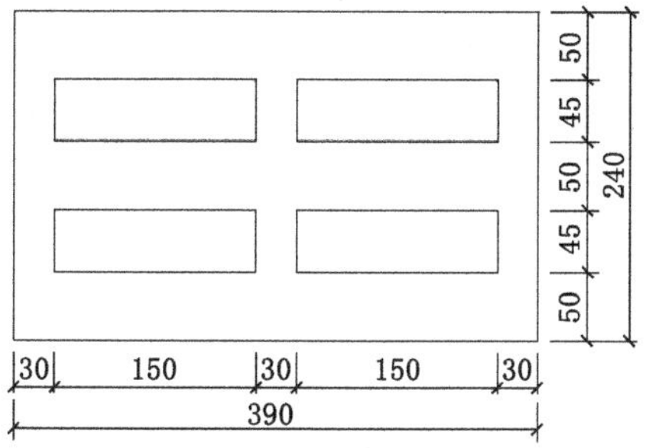

图 2-2 KX-2 平面图

(3) 孔型 3。KX-3 是一种三排孔空心砌块的孔型，详见图 2-3。砌块外形尺寸为 390 mm×240 mm×190 mm；孔洞为矩形；砌块孔洞率为 29%。

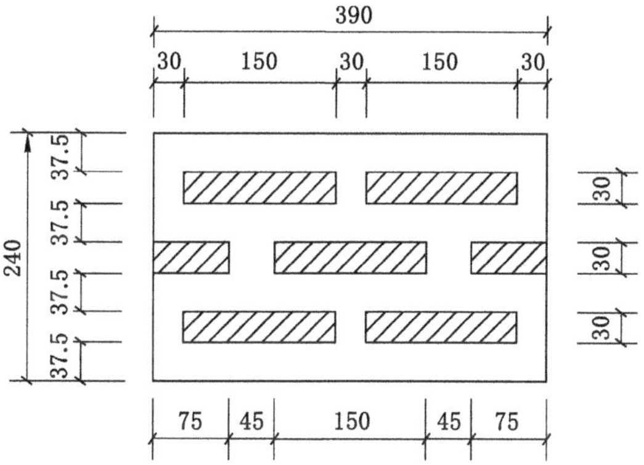

图 2-3 KX-3 平面图

2.1.2.2 孔型优化设计

1. ANSYS 仿真模拟应用简介

本文采用了 ANSYS 有限元仿真模拟对 3 种不同的砌块孔型进行温度场、热流场以及热阻值的模拟、计算，从理论上分析砌块不同孔型的热工性能。

有限元法是伴随着计算机技术的飞速发展应运而生的一种非常高效的数值计算方法，在当今的工程分析中得到广泛的应用。它可用来求解固体力学、热传导、流体流动、电磁场、声场等问题。

ANSYS 软件是融结构、热、流体、电磁、声学等多物理场于一体的大型通用有限元分析软件，标准分析过程分为建立分析模型、施加边界条件和求解计算三步：首先选择适合具体专业的分析模块，选择所分析结构的材料，定义材料特性，构建实体模型，进行网格划分；其次设置求解方式，施加边界约束条件；最后进入后处理器，输出分析结果。

ANSYS 热分析基于能量守恒原理的热平衡方程，用有限元法计算物体内部各节点的温度，并导出其他热物理参数。运用 ANSYS 软件，可进行热传导、热对流、热辐射、相变、热应力及接触热阻等问题的分析求解[17]。

2. 数学模型建立

(1) 传热过程分析。传热的基本方式包括导热、对流换热和热辐射。复合自保温砌块全部是固体材料（保温材料和主体材料），固体材料的传热取决于固体材料的导热系数。因此，复合自保温砌块的传热过程主要为导热过程。本文砌块传热数学模型的建立基于导热方程，暂不考虑砌块内部热辐射和对流换热的影响。此外，围护结构传热过程中，湿传递量对围护结构传热量影响较小。因此，本文建立砌块传热数学模型时，暂不考虑湿传递对传热的影响。

(2) 砌块传热过程数学模型建立。依据复合自保温砌块物理传热过程，建立砌块的传热过程的数学模型。常物性固体三维导热微分方程如式(2-1)所示[18]。

$$\frac{\partial t}{\partial \tau}=\frac{\lambda}{\rho c}\left(\frac{\partial^2 t}{\partial x^2}+\frac{\partial^2 t}{\partial y^2}+\frac{\partial^2 t}{\partial z^2}\right)+\frac{q_v}{\rho c} \tag{2-1}$$

式中 t——砌块中某点的瞬态温度，℃；

τ——时间，s；

q_v——单位体积单位时间所发出的热量 q_v，W/m^3；

ρ——密度，kg/m^3；

c——比热，J/(kg·℃)；

x——x 方向的厚度，m；

y——y 方向的厚度，m；

z——z 方向的厚度，m；

λ——导热系数，W/(m·℃)。

考虑其稳态且无内热源，因此，传热过程的微分方程可推导为：

$$\frac{\partial^2 t}{\partial x^2}+\frac{\partial^2 t}{\partial v^2}+\frac{\partial^2 t}{\partial z^2}=0 \tag{2-2}$$

复合自保温砌块传热模型为长方体，如图 2-4 所示。大长方体 *ABCDEFGH* 区域即为数值模拟研究区域，其中小长方体 12345678 为填充保温材料；面 *EFHG* 与面 *ABCD* 分别是冷侧和热侧的对流换热面，为第三类边界条件；面 *AEGD*、面 *BFHC*、面 *AEFB* 和面 *GDCH* 分别与相邻的砌块相接触，传热量为 0，即绝热面，为第二类边界条件；填充材料面 1234、面 2467、面 5678、面 1358 与砌块主体材料接触良好，即无接触热阻。

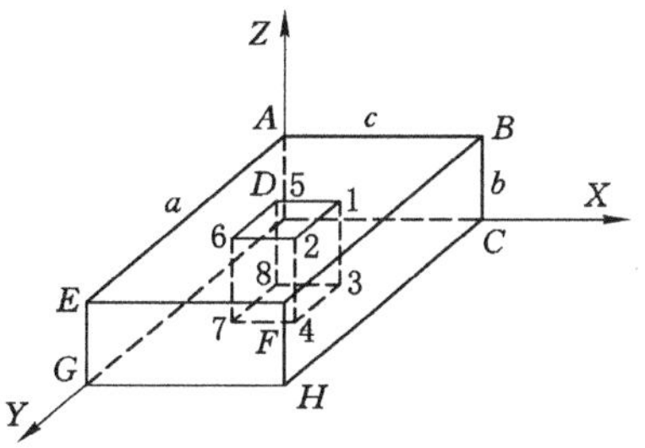

图 2-4　砌块传热模型

3. 参数设置及网格划分

（1）参数设置。本文复合自保温砌块的数学模型材料导热系数采用陶粒混凝土和聚苯板的导热系数，其中陶粒混凝土为 0.40 W/(m·K)，聚苯板系数为 0.041 W/(m·K)。本文砌块热侧空气温度取 24 ℃，即 297.15 K；砌块冷侧空气温度取－5 ℃，即 268.15 K。砌块热侧对流换热系数取墙体内表面对流换热系数 8.7 W/(m^2·K)，冷侧取墙体外表面对流换热系数 23 W/(m^2·K)。

（2）网格划分。在数值模拟中，网格划分的数量以及品质将直接影响模拟计算规模的大小和计算结果的精度，如图 2-5 所示。过密的网格划分将导致模拟运算量过大，运算时间过长；网格划分数量太少将导致计算结果发生较大偏差。良好的网格划分应做到疏密有序，即在温度变化梯度小、几何形状简单规则的区域，网格数量可以少一些；在温度变化梯度大，几何形状复杂（如复合保温砌块几何模型中主体材料与保温材料交接面等处）网格划分可以密一些[5]。

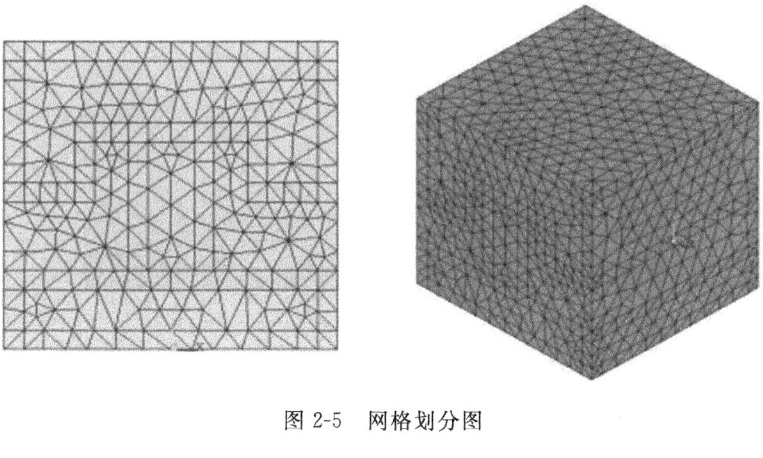

图 2-5　网格划分图

4. 温度场及热流场

通过在砌块的冷面和热面加载对流换热荷载后，对数学模型进行数值模拟计算，三种孔型的温度场分布、热流强度场分布及热流密度场如下：

(1) KX-1。砌块 KX-1 的情况如图 2-6～图 2-9 所示。经计算，砌块内表面平均温度为 21.696 4 ℃，外表面平均温度为 −4.123 5 ℃，热阻值为 1.284 5 $m^2 \cdot K/W$。

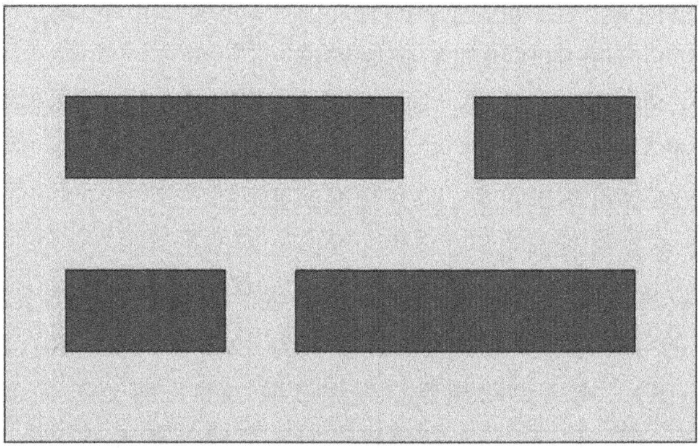

图 2-6 KX-1 模型

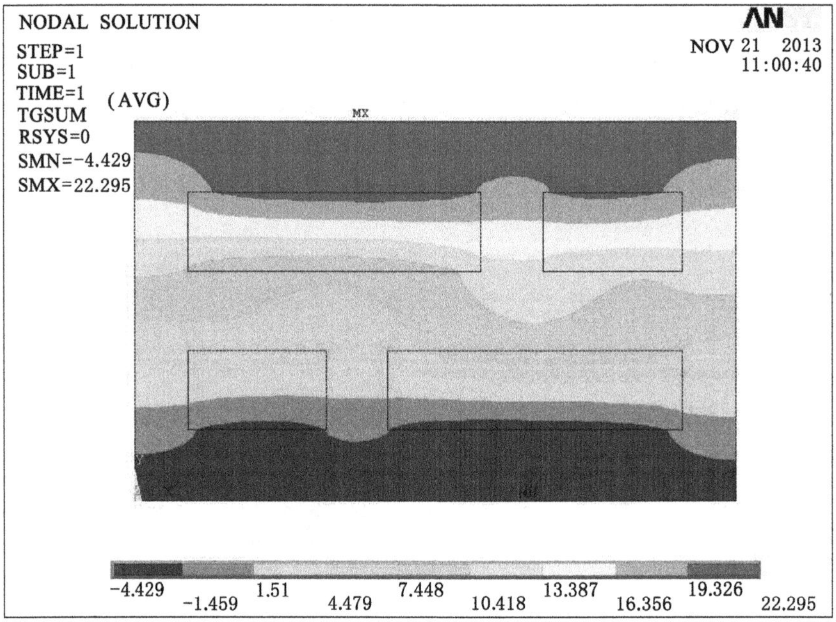

图 2-7 KX-1 温度分布

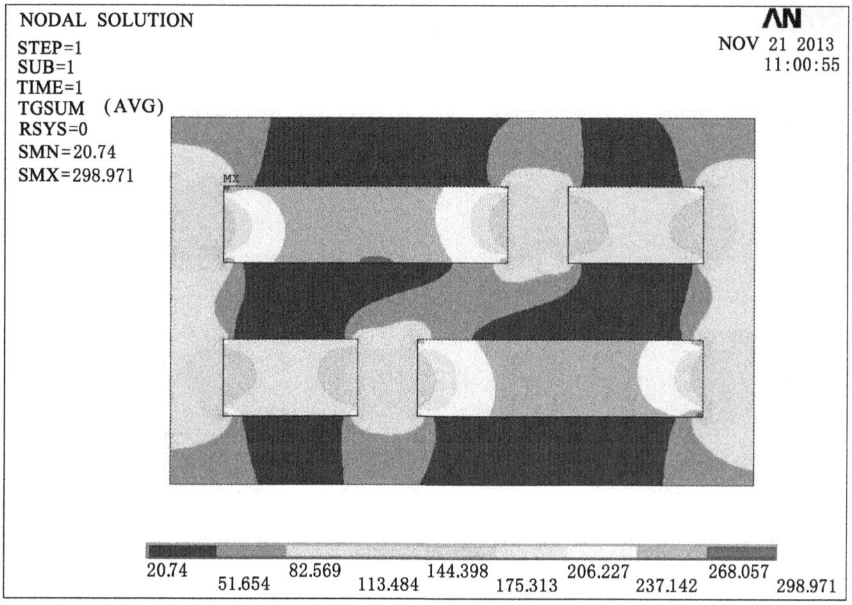

图 2-8　KX-1 温度梯度分布

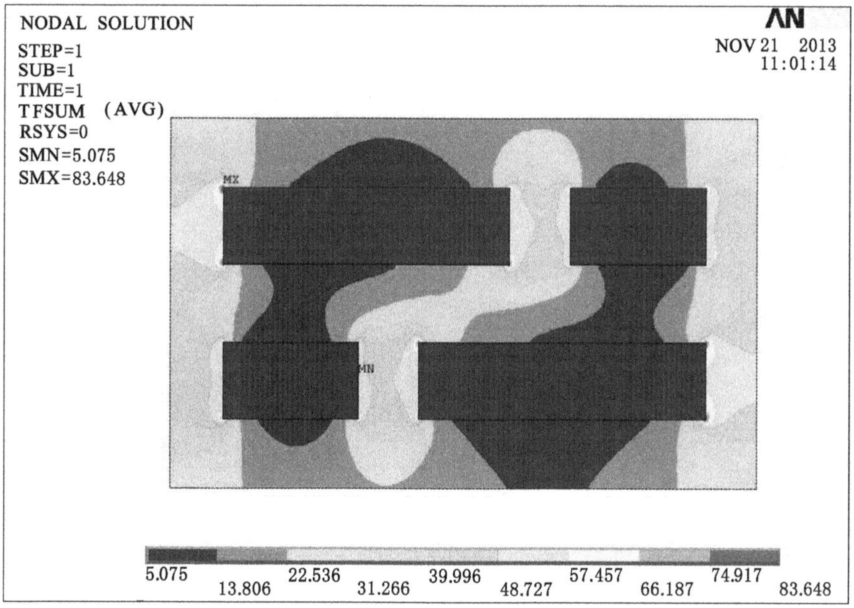

图 2-9　KX-1 热流密度分布

(2) KX-2。KX-2 的情况如图 2-10～图 2-13 所示。经计算，砌块内表面平均温度为 21.653 0 ℃，外表面平均温度为－4.106 3 ℃，热阻值为 1.257 3 $m^2 \cdot K/W$。

图 2-10 KX-2 模型

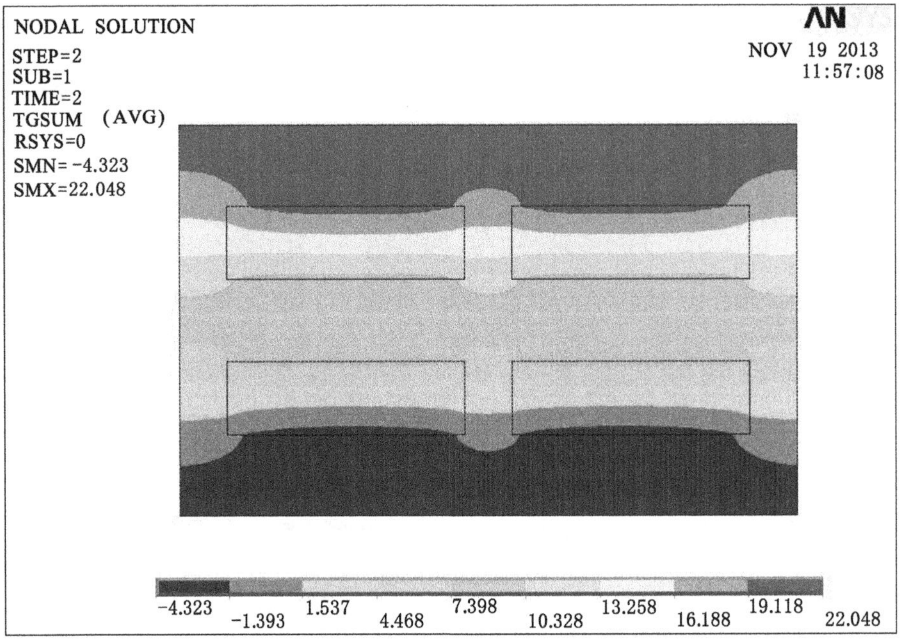

图 2-11 KX-2 温度分布

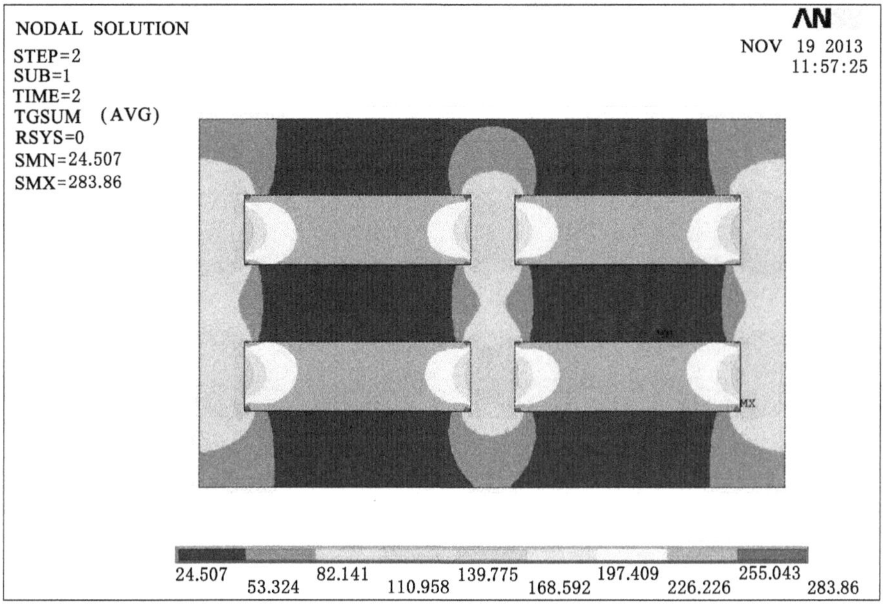

图 2-12 KX-2 温度梯度分布

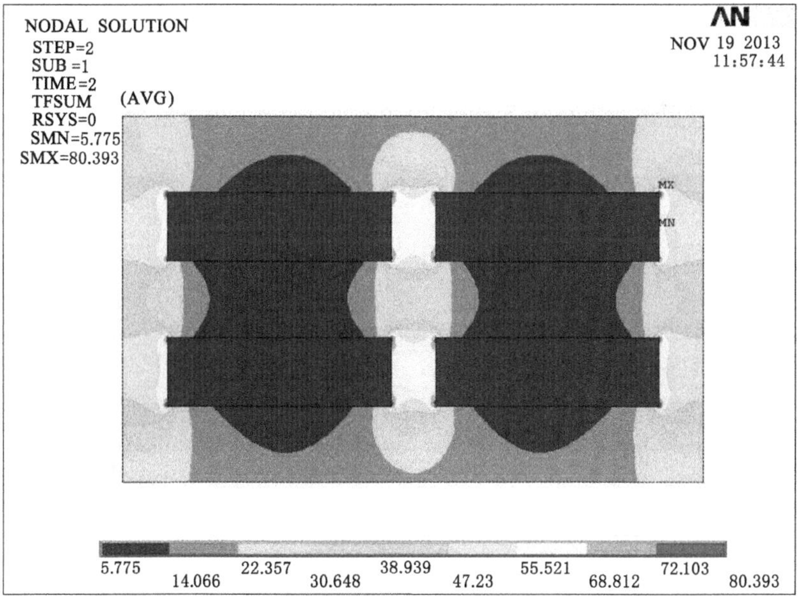

图 2-13 KX-2 热流密度分布

(3) KX-3。KX-3 的情况如图 2-14～图 2-17 所示。经计算，砌块内表面平均温度为 21.924 4 ℃，外表面平均温度为 −4.209 8 ℃，热阻值为 1.442 6 $m^2 \cdot K/W$。

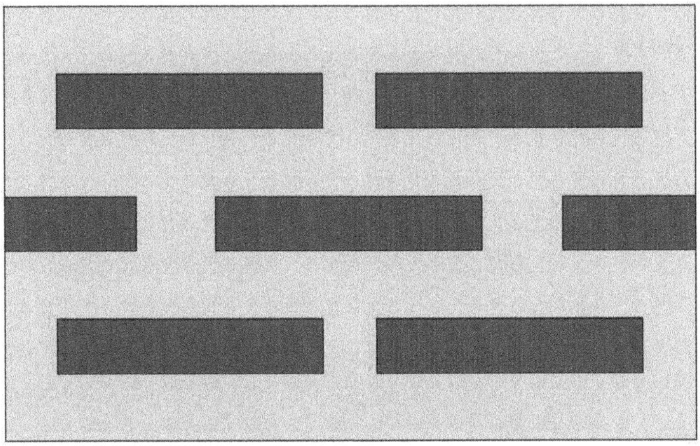

图 2-14　KX-3 模型

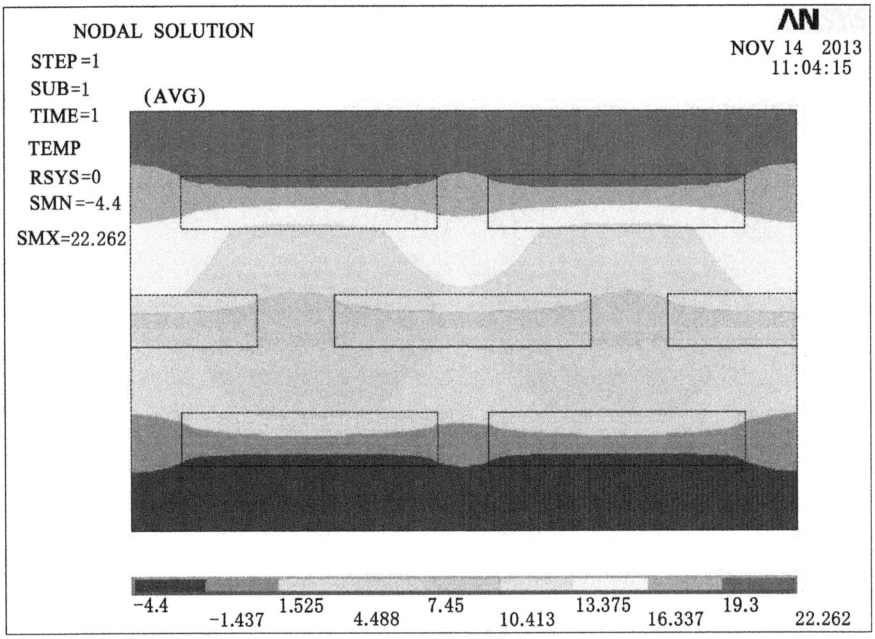

图 2-15　KX-3 温度分布

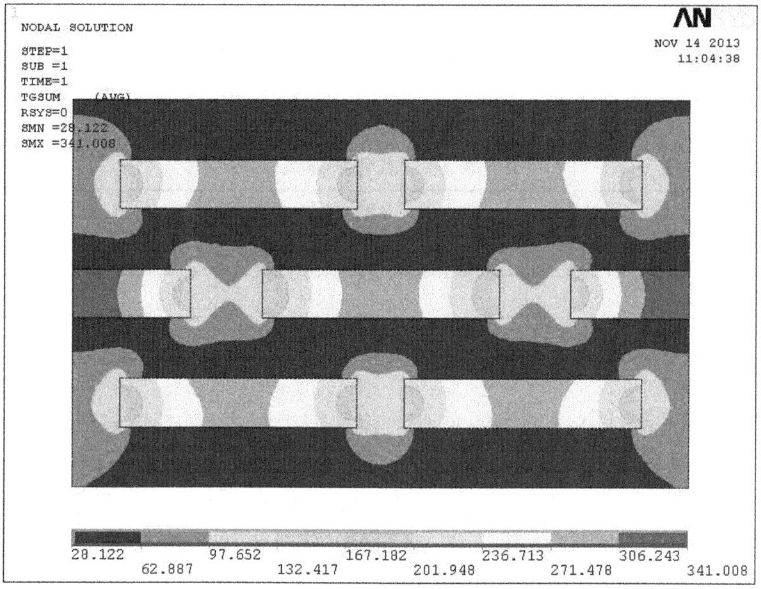

图 2-16　KX-3 温度梯度分布

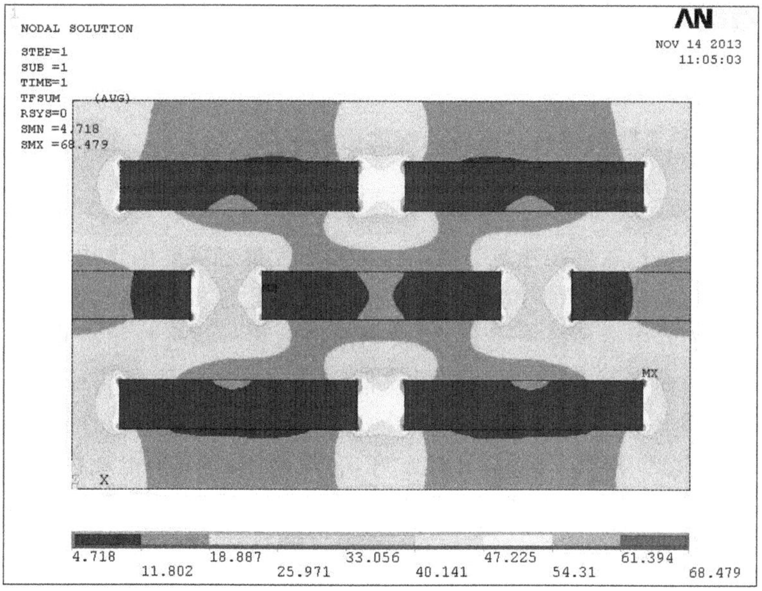

图 2-17　KX-3 热流密度分布

5. 各孔型对比及最优孔型

运用数值模拟的方法，模拟了各砌块的稳态传热过程，并计算出了各种砌块的平均传热系数及热阻，各砌块平均传热系数及热阻值详见表 2-1。

表 2-1 各砌块参数

序号	型号	热阻/($m^2 \cdot K/W$)	孔洞率/%
1	KX-1	1.284 5	30
2	KX-2	1.257 3	29
3	KX-3	1.442 6	29

由表 2-1 可知，KX-3 的热阻值在 3 种孔型中最大，且其模具生产简便，砌块成品率高，砌筑施工方便，满足规范要求，因此，KX-3 砌块的综合性能最优。

在实际外围护结构墙体的传热过程中，将砌块的传热问题简化为稳态导热问题，并建立了对应的传热数学模型。通过对砌块传热数学模型求解，得到了各孔型砌块的温度场分布、热流场分布，从而得出其热阻值，且热阻值越大，热工性能越好。在考虑砌块热工性能、模具生产的可行性、砌块生产的成品率以及砌筑施工的方便性的基础上，经过综合对比分析，确定 KX-3 砌块的综合性能最优，且符合国家节能标准规范的要求；最终选定 KX-3 为复合自保温砌块的最优孔型。

2.1.3 外墙热工性能改造对建筑能耗的影响研究

2.1.3.1 典型既有居住建筑模型

建筑能耗模拟软件在建筑节能工作研究中发挥着重要的作用：软件可实现对建筑能耗和冷、热负荷模拟，对建筑围护结构优化分析、设备与系统运行工况预测。由于实际中室外温度变化，建筑物围护结构传热过程相当复杂，相应的计算不仅量大而且复杂，因此计算机软件模拟计算建筑能耗几乎是不可替代的。本书选用 DeST(Designer's Simulation Toolkit)能耗模拟计算软件，该软件能与 AutoCAD 相嵌入，界面比较友好，容易操作，与其他能耗模拟软件相比具有阶段设计好、阶段模拟便利的特点，可利用现有信息(未知信息按缺省值设置)，逐渐深化，最终完成模拟计算[9]。本章运用 DeST 模拟居住建筑使用不同性能的围护结构所产生的建筑能耗，为围护结构低碳化改造技术的选用提供科学依据，在此基础上提出了围护结构低碳化改造的适宜技术。

典型建筑选用江苏省徐州市的建筑，具体情况如下。

(1) 徐州地区气候特点

徐州市位于江苏省的西北部，东经 117°09′、北纬 34°17′，属寒冷地区，具有四季分明、夏无酷暑、冬无严寒、光照充足、雨量适中之气候特点。四季之中春、秋季短，冬、夏季长，春季天气多变，夏季高温多雨，秋季天高气爽，冬季寒潮频袭。年日照时数为 2 300～2 500 h，日照率 52%～57%，年均无霜期 200～220 d，年均降水量 800～930 mm，雨季降水量占全年的 56%。徐州全年主导风向为东风，平均风速 2.1 m/s。年平均温度 14.5 ℃，最热月平均气温 31.6 ℃，最冷月平均气温−4.1 ℃，夏季空调，空调度日数为 137，冬季供暖，供暖度日数为 2 090。年逐时干球温度曲线详见图 2-18。

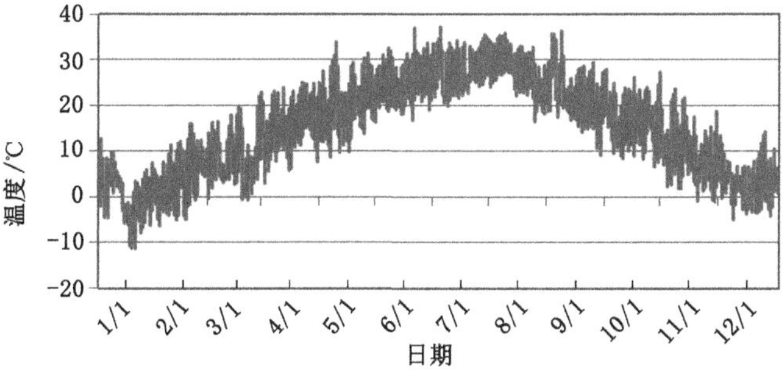

图 2-18 徐州年逐时干球温度曲线

(2) 典型建筑基本信息

以徐州市某多层住宅楼为例进行研究。该建筑地上六层，层高 2.8 m，地下一层。每户有两间卧室、一间起居室、一间卫生间、一间厨房以及一个阳台，面积约 90 m²。建筑平面图如图 2-19 所示，立面图如图 2-20 和图 2-21 所示。

建筑外窗（包括透明幕墙）、外墙面积汇总情况见表 2-2，既有建筑围护结构构造和参数见表 2-3；其他概况参数如下：

表 2-2 住宅楼外窗（包括透明幕墙）、外墙面积汇总表

朝向	外窗（包括透明幕墙）/m²	外墙/m²	窗墙比
东	—	398.34	—
南	409.56	1 170.18	0.35
西	—	398.34	—
北	292.55	1 170.18	0.25
合计	702.11	3 137.04	0.22

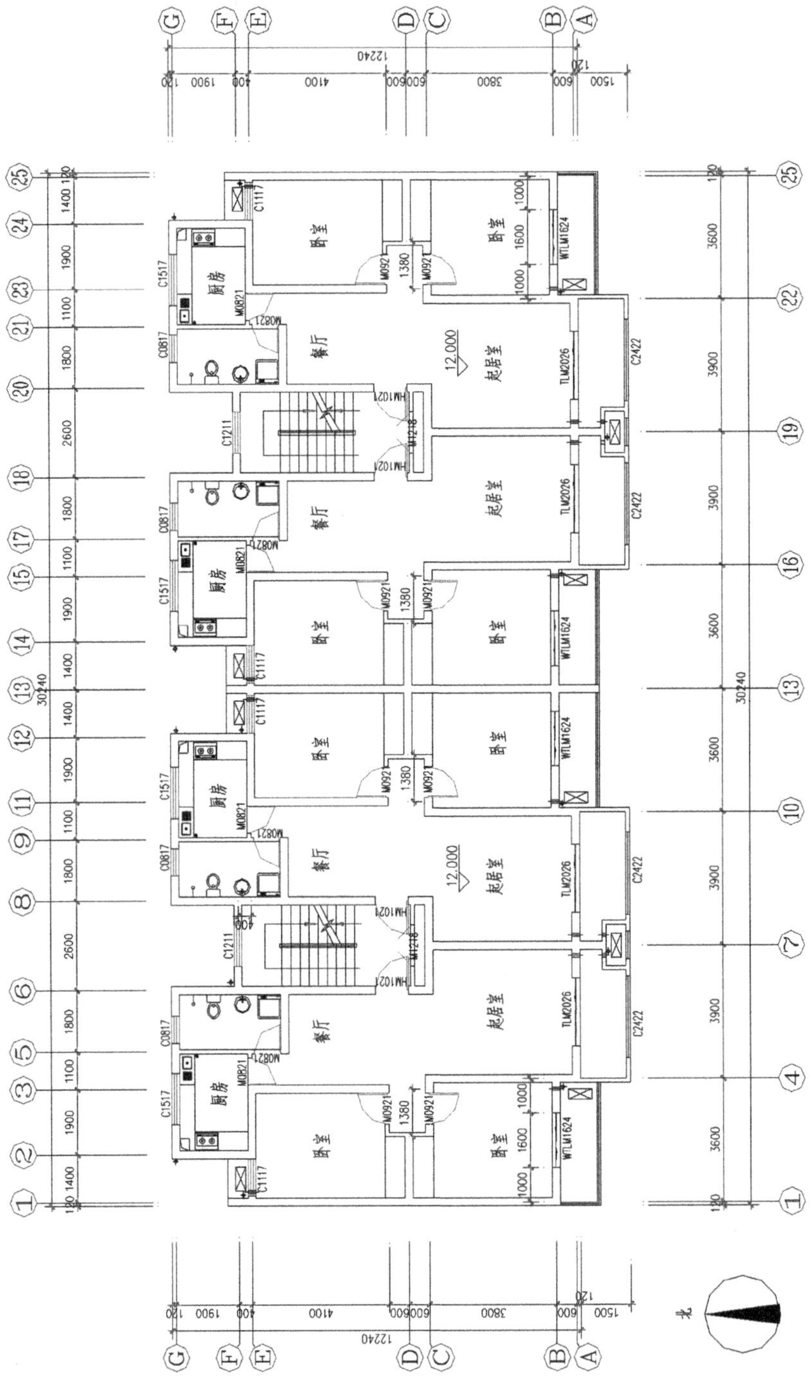

图2-19 住宅楼平面图

图 2-20 住宅楼北立面图

表 2-3 住宅楼围护结构构造和参数

围护结构名称	围护结构材料	传热系数 /[W/(m^2·K)]
外墙	水泥砂浆 20 mm＋黏土多孔砖砌体 240 mm＋抹灰砂浆层 20 mm	1.73
屋面	预制圆孔板 120 mm＋水泥炉渣找坡层 70 mm＋水泥砂浆 20 mm	2.69
外窗	单层玻璃钢腹窗，遮阳系数 SC＝0.74	6.60

建筑朝向：南。

建筑体形：板式。

建筑结构类型：砖混结构。

体形系数：0.23。

节能计算建筑面积（地上）：2 111 m^2。

节能计算总建筑面积：2 111 m^2。

建筑表面积：3 488.87 m^2。

图 2-21　住宅楼南立面图

建筑体积(地上)：35 461.8 m^3。

依照《严寒和寒冷地区居住建筑节能设计标准》(JGJ 26—2018)的规定，设定冬季室内温度 18 ℃，夏季室内温度 26 ℃；冬季采暖计算换气次数 0.5/h；室内照明 0.014 1 kW·h/(m^2·d)；室内设备及人员的散热量 1.3 W/m^2；楼梯间、厨房以及卫生间均不设空调与采暖。

采取间歇空调模式进行能耗模拟计算，依据现实用能模式，空调、供暖日运行时长与室内人员同步[2]。

数据处理过程中，按低碳化改造前后机组的额定能效比恒定进行取值，夏季制冷能效比(EER)取 3.20，冬季性能系数(COP)取 2.00；设定供暖时间为 12 月 1 日到次年 3 月 1 日，空调日期为 6 月 15 日到 9 月 15 日。

(3) DeST 建筑模型

根据前述建筑信息及参数，对所选典型建筑利用 DeST 进行建模，模型如图 2-22 和图 2-23 所示。

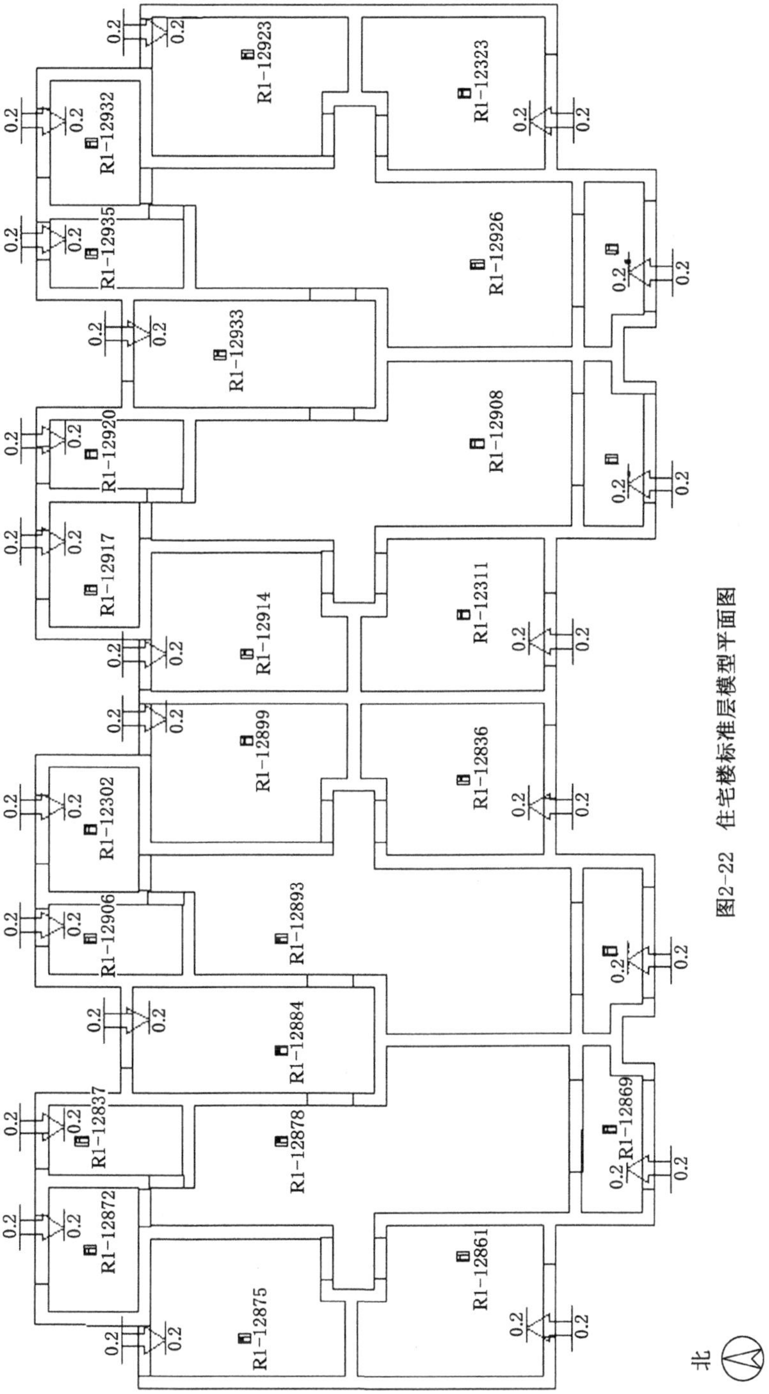

图2-22 住宅楼标准层模型平面图

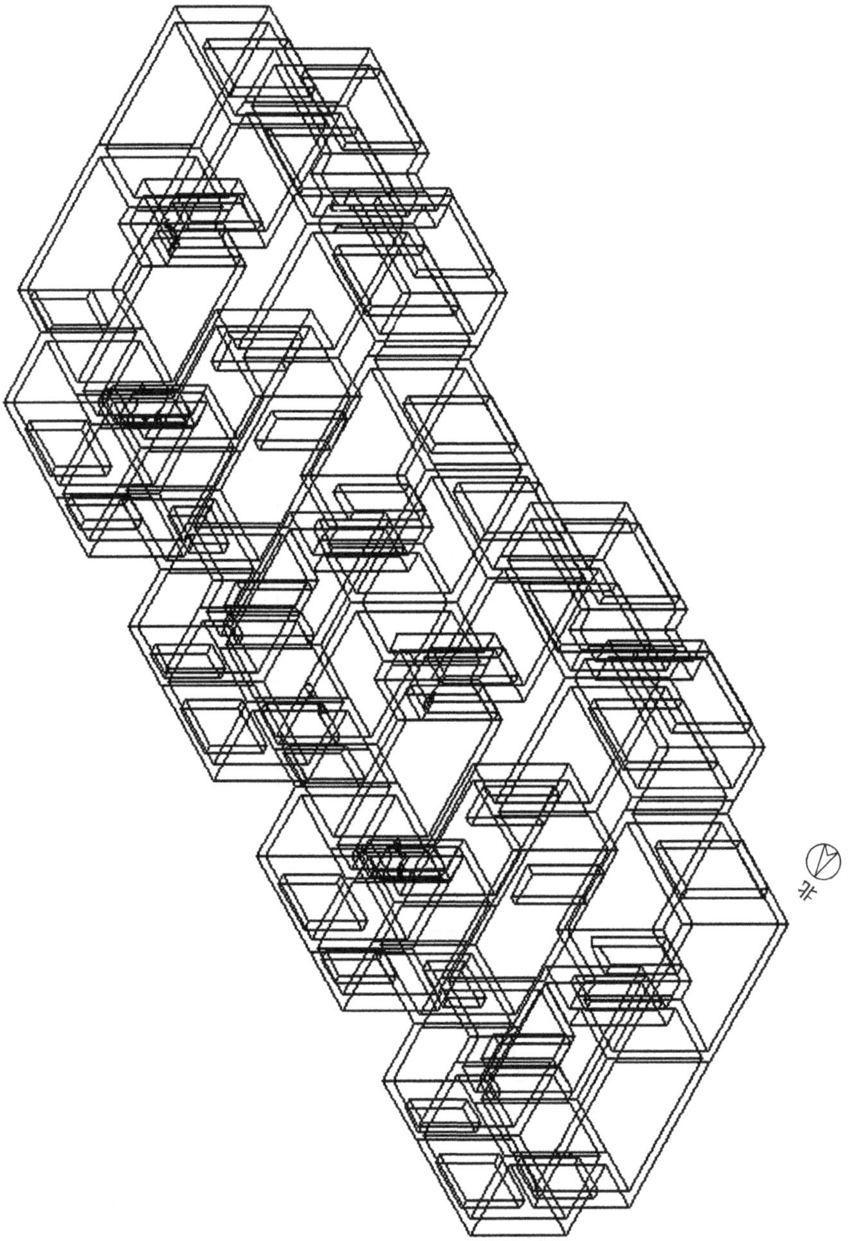

图2-23 住宅楼标准层模型立面图

2.1.3.2　外墙热工性能改造对建筑能耗的影响

建筑节能率的计算均以原建筑模型外墙热工性能参数模拟得到的整栋建筑的空调供暖能耗为基准。根据前述模拟方案，其他参数保持不变，仅改变外墙的平均传热系数 K，利用 DeST 能耗模拟软件模拟，得到外墙改造前后，在不同外墙热工性能参数条件下建筑的空调供暖能耗及节能率。外墙平均传热系数 K 对建筑能耗的影响详见表 2-4。

表 2-4　外墙平均传热系数 K 对建筑能耗影响

外墙平均传热系数 $K/[W/(m^2 \cdot K)]$	全年累计热负荷 /(kW・h)	全年累计冷负荷 /(kW・h)	供暖节能率 /%	制冷节能率 /%	全年节能率 /%
1.73	146 235.90	26 198.75	0.00	0.00	0.00
1.60	142 921.47	26 135.42	2.27	0.24	1.96
1.50	139 818.15	26 072.09	4.39	0.48	3.80
1.40	136 778.17	26 029.86	6.47	0.64	5.58
1.30	133 210.41	26 029.86	8.91	0.64	7.65
1.20	129 938.21	26 008.75	11.14	0.73	9.56
1.10	128 544.88	26 029.86	12.10	0.64	10.36
1.00	127 151.55	26 072.09	13.05	0.48	11.14
0.90	122 380.47	26 072.09	16.31	0.48	13.91
0.80	117 609.38	26 072.09	19.58	0.48	16.67
0.70	113 302.74	26 050.97	22.52	0.56	19.18
0.60	108 869.43	26 050.97	25.55	0.56	21.76
0.50	106 462.77	26 050.97	27.20	0.56	23.15
0.40	104 161.67	26 050.97	28.77	0.56	24.41
0.30	101 733.91	26 029.86	28.82	0.40	24.43

从模拟的数据分析结果可知：当建筑外墙平均传热系数 K 值由 1.60 $W/(m^2 \cdot K)$降到 0.30 $W/(m^2 \cdot K)$时，建筑全年的节能率由 1.96%上升到 24.43%，其中制冷节能率由 0.24%上升到 0.40%，供暖节能率由 2.27%上升到 28.82%。

传热系数改造对建筑能耗的影响曲线见图 2-24。由图可知，外墙传热系数改造对建筑节能起到了比较显著效果，且相对于夏季制冷节能效果，对建筑冬季供暖的节能效果更优。外墙传热系数改变对夏季制冷节能率来说影响甚小，这主要由于夏季制冷能耗受太阳辐射的影响，而冬季供暖能耗则受室内外温差的影响。一般在寒冷地区，外墙保温层厚度和保温形式的选择对冬季供暖有显著影响，但对夏季制冷的影响相对较小。

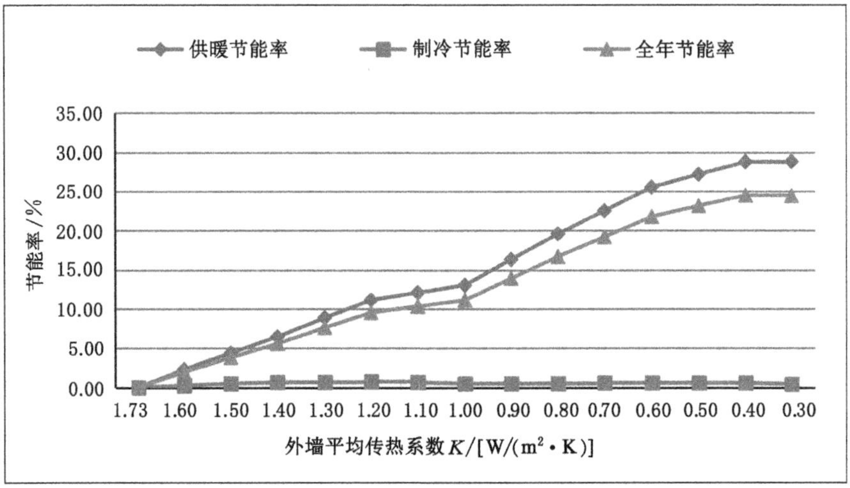

图 2-24　传热系数改造对建筑能耗的影响曲线

由图 2-24 可见，当外墙平均传热系数 K 降到 0.6 W/(m^2·K)后，再随着外墙传热系数的减小，供暖季节节能率增长趋缓，且制冷季节节能增长率基本不变，即低碳化改造效果不再显著。

2.2　屋面低碳化改造技术

2.2.1　屋面低碳化改造适宜技术

屋面是建筑整体节能的重要组成部位，屋面保温对降低顶层房屋的供暖耗热量和改善热环境质量有重要意义。此外，屋面由于节能施工容易且造价较低，因此在既有建筑低碳化改造中占有重要地位。

1. 平屋顶低碳化改造

平屋顶改造有四种方法：屋面保温、屋面绿化、平改坡改造和太阳能屋顶。改造时应根据实际情况结合平屋顶的现状，对既有建筑屋面进行优选设计。

(1) 屋面保温

屋面保温改造技术通过铺设保温材料，增强屋顶的隔热能力，有效减少室内热量的流失或吸收，从而降低空调和供暖系统的运行负荷，减少能源消耗和碳排放。常用的保温材料有聚苯乙烯泡沫板(EPS、XPS)、岩棉板、聚氨酯泡沫等。需要注意的是应根据当地气候条件、建筑类型及保温需求，合理确定保温层的厚度，过厚会增加成本和施工难度，过薄则可能无法达到预期的保温效果。此外，保温层下方应设置可靠的防水层，上方应采取适当的防潮措施，防止水分渗透导致保温材料性能下降。

(2) 屋顶绿化

屋顶绿化，也称为绿色屋顶，通过在屋顶表面铺设土壤和种植植被，将传统的平屋顶改造成覆盖土壤和植物的绿化屋顶。屋顶绿化不仅能增加城市空间的生态性和美观性，吸收噪音和粉尘，过滤空气中的污染物，还能降低建筑物的冷却负荷，节约能源和减少碳排放量。

(3) 平改坡改造

相对于平屋顶来说，坡屋顶不仅排水顺畅、造型美观，而且闷顶空间可以有效缓解屋顶外表面的高温对顶层吊顶内表面温度的影响，提高夏季居住舒适度。因此，在居住建筑的低碳化改造过程中，可以考虑在建筑结构允许的条件下将平屋顶改造成坡屋顶。需要注意的是，平改坡中，要考虑排水要求，确保雨水能有效排出；此外，应进行屋面勘察，确保结构牢固安全。

(4) 太阳能屋顶

太阳能屋顶是通过在平面屋顶安装太阳能电池板，吸收太阳辐射能并转化为电能供给房屋各种用电设备的低碳化改造手段。太阳能屋顶不仅能减少屋顶吸热量，降低室内温度，减少空调负荷，还能为建筑提供清洁能源，减少碳排放量。需要注意的是要根据屋顶面积和当地光照条件，合理选择太阳能电池板类型、数量以及安装角度，确保太阳能板最大限度吸收阳光，提高效率。

2. 坡屋顶低碳化改造

(1) 坡屋顶保温

坡屋顶保温是通过在坡屋顶结构中添加保温材料或采取其他保温措施，以提高屋顶的保温性能，减少室内外热量传递，从而保持室内适宜温度的一种技术手段。通常选择轻质、高效、环保的保温材料，如聚苯乙烯泡沫板、岩棉板、聚氨酯泡沫等。坡屋顶保温主要有外保温和内保温两种方式，外保温是将保温系统设置在坡屋顶的外表面，而内保温是将保温系统设置在吊顶上方或屋顶内部空间。外保温可以保护屋顶结构免受外界环境的侵蚀，同时减少热量传递，提高保温效果；而内保温具有造价低、安装方便等优点，尤其适用于夏季使用空调来改善室内热环境的建筑。

(2) 增设通风口

根据建筑的整体布局，在坡屋顶的檐口、屋脊、山墙等位置增设通风口，利用自然风压和热压原理，促进屋顶内部空气流通，改善建筑的通风条件，提高室内空气质量，也有助于降低室内温度，减少能源消耗。需要注意的是，应合理设计通风口的尺寸，既要保证气流畅通，又要避免雨雪侵入和噪音传导。此外，在开设通风口后，应对通风口周围进行防水处理，确保通风口周围没有渗漏现象。

(3) 绿色坡屋顶

绿色坡屋顶是指在坡屋顶上种植绿色植被，通过植被的蒸腾作用和土壤的热阻性，有效降低屋顶温度，减少建筑能耗。同时，植被还能吸收空气中的二氧化碳，释放氧气，有助于改善城市空气质量。需要注意的是在设计绿色坡屋顶时，需要充分考虑屋顶的荷载能力。植被、土壤和排水层的重量都会对屋顶结构产生影响，因此需要进行精确的荷载计算。此外，要解决好绿色坡屋顶的防水和排水性能。

(4) 太阳能坡屋顶

太阳能坡屋顶是一种将太阳能系统与坡屋顶结构相结合的技术，通过合理的设计和施工，可以实现节能减排、提高建筑能效和环保性能等多重目标。需要注意的是在安装太阳能系统前，需对坡屋顶的结构进行详细评估，确保其能够承受太阳能板、支架及相关设备的重量，若屋顶结构存在安全隐患或承重能力不足，需进行必要的加固处理。此外，太阳能板应安装在屋顶阳光照射充足、无遮挡的区域；同时，需考虑屋顶的排水系统，避免安装位置影响屋顶排水。

2.2.2 屋面热工性能改造对建筑能耗的影响

本章运用 DeST 建筑能耗模拟软件模拟既有建筑采用不同热工性能的屋面所产生的建筑能耗，进而对比分析并为屋面低碳化改造技术的选用提供科学依据。本节仍选用 2.1.3.1 中的典型建筑模型进行研究。

采用单一变量控制法，在保证建筑模型其他参数不变的情况下，仅改变屋面的传热系数 K，利用 DeST 能耗模拟软件进行能耗模拟，得到在不同传热系数的屋面下，建筑的空调、供暖能耗及节能率，详见表 2-5 和图 2-25。其中，建筑节能率的计算均以原建筑模型屋面平均传热系数 2.68 W/(m^2 · K)、屋面外表面太阳辐射吸收系数 0.7 模拟得到整栋建筑的空调供暖能耗为计算基准能耗。

由表 2-5 分析可得，当屋面传热系数 K 值从 2.00 W/(m^2 · K)降到 0.35 W/(m^2 · K)时，建筑全年节能率由 3.67％增至 22.09％，其中制冷节能率由 0.64％增至 3.38％，供暖节能率由 4.22％增至 25.44％。由此可见，屋面平均传热系数改造对建筑能耗的降低作用明显，对顶层住户的影响尤为显著。从建筑冬、夏季能耗的影响比较而言，其对建筑冬季供暖的节能效果更明显。由

图 2-25 可见，当屋面平均传热系数达到 0.45 W/(m^2 · K)后，节能增长率趋于平缓，即低碳化改造效果不再显著。

表 2-5 屋面平均传热系数 *K* 对建筑能耗影响

屋面平均传热系数 *K*/[W/(m^2 · K)]	全年累计热负荷 /(kW · h)	全年累计冷负荷 /(kW · h)	供暖节能率 /%	制冷节能率 /%	全年节能率 /%
2.68	146 235.90	26 198.75	0.00	0.00	0.00
2.00	140 071.49	26 029.86	4.22	0.64	3.67
1.80	133 590.41	25 882.09	8.65	1.21	7.52
1.50	129 135.99	25 734.31	11.69	1.77	10.19
1.30	126 560.45	25 670.98	13.45	2.01	11.72
1.10	124 027.13	25 607.64	15.19	2.26	13.22
1.00	121 557.14	25 565.42	16.88	2.42	14.68
0.80	118 010.49	25 480.98	19.30	2.74	16.79
0.60	114 970.51	25 417.64	21.38	2.98	18.58
0.50	11 2574.93	25 387.44	23.02	3.10	19.99
0.45	111 254.97	25 354.31	23.92	3.22	20.78
0.40	110 009.42	25 333.20	24.77	3.30	21.51
0.35	109 038.32	25 312.09	25.44	3.38	22.09

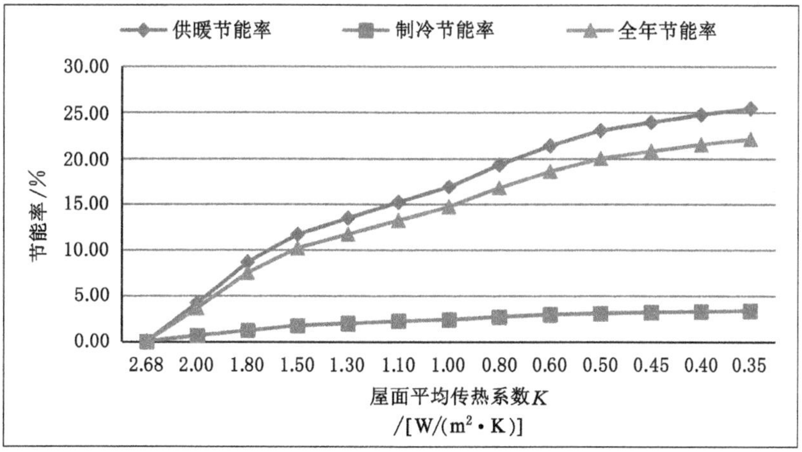

图 2-25 屋面平均传热系数对建筑能耗的影响曲线

2.3 外窗低碳化改造技术

2.3.1 外窗低碳化改造原则

2.3.1.1 传热方式

门窗作为建筑外围护结构的一部分，对建筑内外温度变化的反应与其他外围护结构是一样的。如果门窗不能对室内温度的变化起到保护作用，那么将会使建筑物内部在夏季热冬季冷，这种情况在夏季炎热和冬季严寒地区表现得尤为明显。建筑门窗的传热是基于热量从热的区域流向冷的区域的基本原理，而流向冷的区域是通过导热、辐射传热和对流传热三种基本传热方式完成的：导热是指物体中有温差时，由于直接接触的物质质点做热运动而引起的热能传递过程，表现为热量从物体中的高温侧传递到低温侧；辐射传热是指热量以电磁波的形式从一个物体传到另一个物体的现象，凡温度高于绝对零度的物体，都可以同时发射和接受热辐射；对流传热是指流体中各分子做相对位移而传递热量的方式。门窗的传热主要是以上三种传热方式共同作用的结果。

夏季，在太阳光的照射下，室外温度高于室内，热量通过门窗从室外传递到室内，使室内的温度逐步升高，直至室内温度与室外温度达到一致；同样，在空气对流和太阳辐射的影响下，室外被加热的空气从高温侧传到低温侧。只要温差存在于室内外，热量的传递就会一直进行下去（图 2-26）。到了晚上，室外空气温度下降的速度快于室内，当室外空气的温度低于室内温度时，室内的热量又反过来通过窗户传递到室外。

冬季，室内的温度一般都要高于室外，室内热量通过空气对流、传导和辐射等方式传递到室外，导致室内温度下降（图 2-27）。

通过窗户进行的房间得热和热损失占据整个建筑维护结构的 50％以上，因此，要减少热量损失，有效提高窗的节能效率，关键就是要提高窗的热阻。

2.3.1.2 能耗计算

以夏季为例，通过门窗造成的能量损失可按式(2-3)计算。

$$Q = Q_1 + Q_2 + Q_3 \tag{2-3}$$

式中 Q——通过门窗造成的热量总损失，J；

Q_1——太阳辐射传热，J；

Q_2——空气通过门窗缝隙的传热，J；

Q_3——直接通过门窗材料的传热，J。

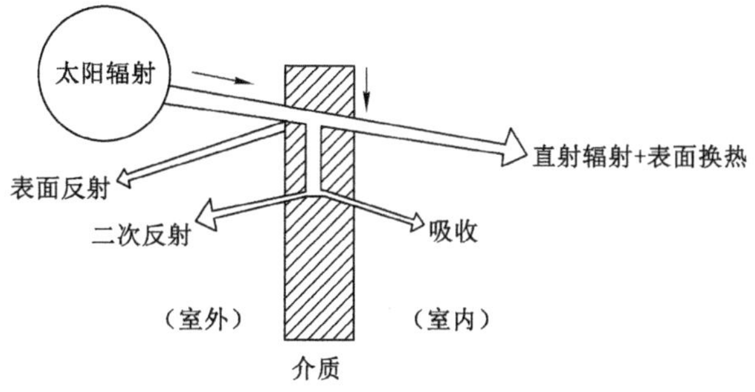

图 2-26　夏季的热传递过程

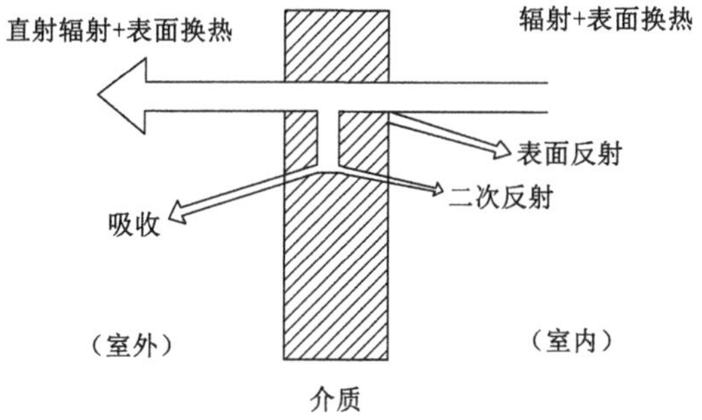

图 2-27　冬季的热传递过程

太阳辐射传热（Q_1）可按式(2-4)计算。

$$Q_1 = RF_1SD \tag{2-4}$$

式中　R ——太阳辐射强度，W/m^2；

F_1——门窗面积，m^2；

S ——遮阳系数；

D ——辐射吸热系数。

其中，R 与所处地区和朝向有关，F_1 较稳定，一般在设计时，根据窗墙比大小已确定；S 一般与采取的遮阳措施有关；D 主要与门窗材料有关。因此，可以通过选择适当的建筑朝向和窗墙比、采取有效的遮阳措施、选择良好隔热性能的门窗材料，有效降低热损失。

根据《供暖通风设计手册》，门窗缝隙渗透的传热（Q_2）可按式(2-5)计算。

$$Q_2 = 0.28\mu l\gamma(t_0 - t) \tag{2-5}$$

式中　μ ——每米的渗透量；

γ ——空气容重，取 1.35 N/m^3；

l ——缝隙长度，m；

t_0——室外温度，K；

t ——室内温度，K。

从式(2-5)中可以看出，由于 γ、t_0、t 是相对较稳定的数值，因此，Q_2 的减少主要是通过降低 μ、l 值实现的。例如使用优质的密封隔热材料以减小 μ，采用单框窗户减小 l 等。

直接通过门窗材料传热的热损(Q_3)是门窗能耗中热损最多的，因此需要采取措施加以控制。Q_3 可以通过式(2-6)计算。

$$Q_3 = F_1\lambda_1(t_0 - t) \tag{2-6}$$

式中 λ_1——门窗材料的导热系数，W/(m^2·K)。

从式(2-6)中可以看出，由于室内外温差相对较稳定，F_1 设计时已确定，所以 λ_1 是最主要的影响因素。而影响 λ_1 的主要因素是门窗各组成材料的导热系数，因此要降低这部分的能耗，应当选择传热系数小的型材、玻璃等材料。

2.3.1.3 改造关键

1. 选材

门窗的传热系数是指门窗单位面积在单位时间内传递的热量，是直接影响门窗自身保温隔热效果的重要技术指标。一般来说，门窗传热系数越大，则其通过门窗的热量损失就会越大。门窗的组成材料主要有门窗框材、玻璃、密封材料及五金配件等，门窗整体的传热系数，主要是由这些组成材料共同决定。其中，占门窗绝大部分面积的框材和玻璃是最主要的因素。

目前，节能门窗的玻璃材料多选用中空玻璃。玻璃厚度对中空玻璃的传热系数和得热系数影响较小。不同气体充入玻璃间隔层后，对中空玻璃的传热系数也是有影响的。研究表明，中空玻璃的传热系数随着间隔层厚度的增加而减小，当间隔层厚度达到大约 12 mm 后，传热系数变化较小。因此，在选择中空玻璃时，可选择间隔层厚度为 12 mm 的绿玻中空玻璃，节能效果较好。对于玻璃的厚度，虽然越厚越好，但不必刻意追求，应结合玻璃价格综合考虑。

2. 气密性

冷空气从门窗缝隙渗入室内，会影响室内环境卫生并消耗大量热能。门窗防止空气渗透的性能用气密性来衡量，气密性是指外窗在关闭状态下，阻止空气渗透的能力。门窗气密性等级的高低，对热量损失影响极大，气密性等级越高，则热量损失就越少，对室温的影响也越小。外窗气密性的分级见表 2-6。

表 2-6 建筑外窗气密性分级表

分级	1	2	3	4	5	6	7	8
单位缝长分级指标值 $q_1/[m^3/(m\cdot h)]$	$4.0\geqslant q_1>3.5$	$3.5\geqslant q_1>3.0$	$3.0\geqslant q_1>2.5$	$2.5\geqslant q_1>2.0$	$2.0\geqslant q_1>1.5$	$1.5\geqslant q_1>1.0$	$1.0\geqslant q_1>0.5$	$q_1\leqslant 0.5$
单位面积分级指标值 $q_2/[m^3/(m\cdot h)]$	$12\geqslant q_2>10.5$	$10.5\geqslant q_2>9.0$	$9.0\geqslant q_2>7.5$	$7.5\geqslant q_2>6.0$	$6.0\geqslant q_2>4.5$	$4.5\geqslant q_2>3.0$	$3.0\geqslant q_2>1.5$	$q_2\leqslant 1.5$

有学者将换气次数折算为单位面积外窗渗透量，利用 DeST 软件模拟当换气次数改变时，对建筑模型全年的供暖和空调能耗的影响进行了研究。模拟结果表明，空气渗透量对全年供暖的能耗影响较大，提高外窗气密性能有效减少全年耗电量，增强建筑节能的效果。

对于提高门窗气密性能，可以采取以下措施：

(1) 合理选择窗型，减少不必要的缝隙。在设计门窗立面时，在满足换气要求的前提下，尽量减少开启扇。另外，尽可能不采用推拉窗窗型，推拉窗的活动缝隙虽然采用毛条密封，但其效果低于平开窗。

(2) 提高型材规格尺寸和组装制作的精度，保证框和扇之间应有的搭接量，平开窗一般大于 6 mm，并且四周要均匀。

(3) 增加密封道数并选用优质密封橡胶条。目前保温窗一般采用多道密封，并且根据各自型材断面形状不同，设计采用不同形状的密封条。密封条应选用三元乙丙橡胶为原料的胶条。

3. 门窗遮阳

为了满足室内采光和供暖的需要，门窗的玻璃材料可以选用普通白玻中空玻璃等，但是这只能降低门窗的传热系数，不能从根本上解决夏季室内温度升高，即阻止太阳的辐射热。因此，必须采取有效的遮阳措施。

根据遮阳设施与窗户的相对位置，遮阳系统可分为内遮阳和外遮阳两大类。内遮阳系统是将已经透过玻璃进入室内的太阳辐射再反射出去一部分，如窗帘、百叶等。一般内遮阳系统都可以方便调节，如在冬季不需要采光时，可以放下窗帘或插入硬质复合板，以达到反射太阳辐射的目的。外遮阳系统是将绝大部分太阳辐射挡在窗外，如挑阳台、遮阳板等。一般来说，外遮阳的效果比内遮阳效果好，但是不便于调整。因此，需要考虑各地冬夏两季太阳高度角的差异，合理设计遮阳构件和安装高度，使其既能有效遮挡夏季阳光，又能充分地利用冬季阳光。

夏热冬冷地区的夏季阳光强烈，光线透过玻璃射入室内，造成室内过热。设置遮阳系统，可以大量减少阳光的直接照射，从而避免室内过热。研究表明，遮阳所获得的节能效益为20%～30%。因此，该地区多付出一些经济成本，安装和使用遮阳措施是值得的。

2.3.2 外窗低碳化改造方案

2.3.2.1 外窗选材

目前，市面上常用的外窗类型包括木门窗、钢门窗、塑钢门窗、铝合金门窗（包括断桥铝门窗）以及玻璃钢门窗等。这些窗型各有其特点和适用场景，满足了不同用户的需求。其中，最常用的是塑钢窗和断桥铝窗。塑钢窗因其良好的耐腐蚀性能和隔声性能，且成本较低，保温性能好，不易积灰、清洗方便，广泛地被各类建筑所采用。断桥铝窗采用优质铝合金作为主体材料，具有很高的强度和稳定性，不易变形，使用寿命长；此外，通过断桥隔热技术，有效阻断了热量的传递，隔热性能优异，适合各种气候条件。

2.3.2.2 断面结构

从保温隔热的角度讲，型材断面结构最好设计为多腔结构，腔壁垂直于热流方向分布，因为型材内的多腔结构对通过的热流起到多重阻隔作用，腔内传热（对流、辐射和导热）相应被削弱，特别是辐射传热强度随空腔数量增加而成倍减少。在现有研究成果的基础上，课题组开发的新型节能外窗型材断面结构如图 2-28 所示。

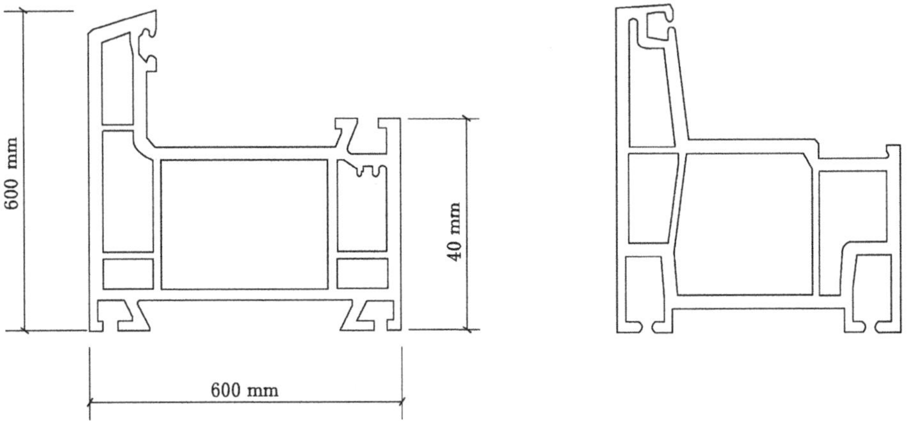

图 2-28 型材断面腔体结构设计(CK-New)

2.3.2.3 气密性

气密性是用于评估门窗阻止空气渗透能力的一个指标。冷空气从门窗缝隙渗透越多，能耗越大。因此，气密性等级越高，冷空气渗入越少，能耗越小，室温越稳定。为了提升外窗气密性，课题组开发的新型外窗，采用了3道密封胶条设计，长期使用不会收缩，确保了长期的密封效果。此外，五金件采用多锁点系统密封，即使在高层的建筑中，也能保证门窗的密不透风，从而严格保证门窗的气密性能。

2.3.3 窗框腔体结构改造技术

本书以塑钢窗为研究对象。塑钢窗窗框断面一般是多腔结构，有利于减少腔内对流和辐射传热强度，从而实现节能的目的。不同的腔体结构，其热工性能也不同。采用有限元(ANSYS)仿真模拟，通过对4种不同腔体结构的热工性能分析，得出适宜寒冷地区建筑的腔体结构[20]。

2.3.3.1 窗框腔体几何模型

目前市场上常用的窗框型材腔体多为多腔结构，可以对对流和辐射传热形成多重阻隔，有利于其保温隔热性能。目前常用的窗框型材的断面腔体结构如图2-29所示。本文利用ANSYS仿真模拟软件，建立了4种窗框的几何模型，如图2-30所示，其中CK1、CK2、CK3为目前市场上常用的腔体结构，CK-New是本研究开发的一种新的腔体结构。

(a) 常用的型材断面腔体结构

(b) 型材断面腔体结构示意图

图2-29 型材断面腔体结构

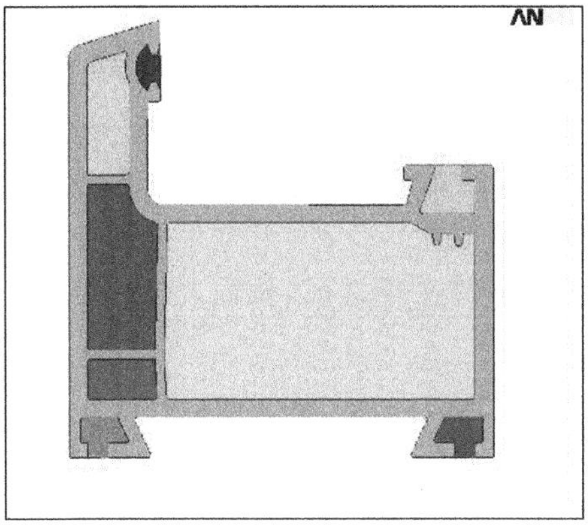

(a) CK-1几何模型

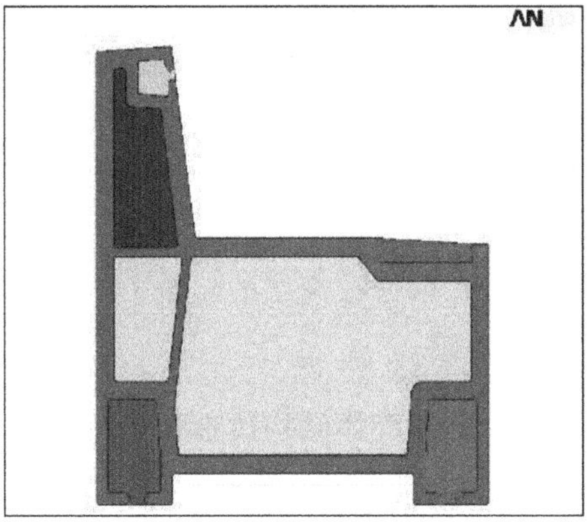

(b) CK-2几何模型

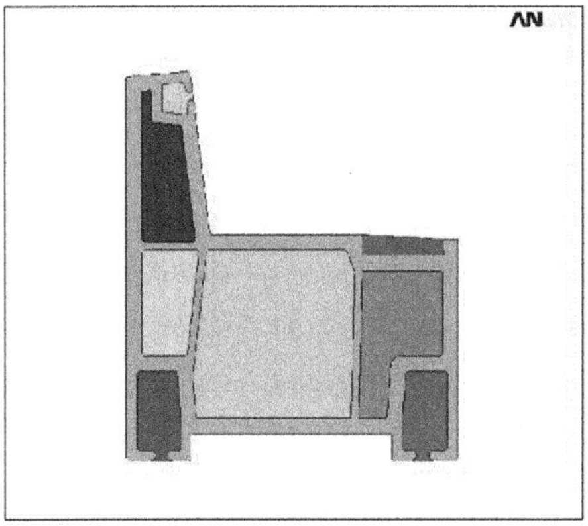

(c) CK-3几何模型

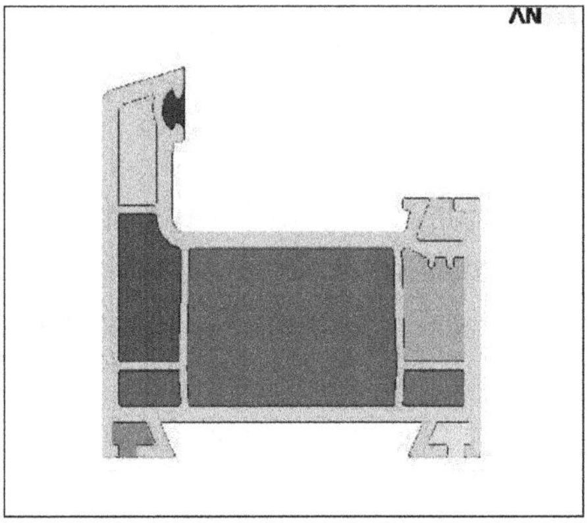

(d) CK-New几何模型

图 2-30 4 种窗框的几何模型

2.3.3.2 数学模型

一般情况下，窗框的高度和长度远远大于窗框的厚度，冬季寒冷地区供暖建筑外窗窗框传热可以近似为一维稳态传热，本研究取窗框中心一段作为研究对象。该段窗框与相邻窗框间无传热，内侧与室内空气接触，外侧与室外空气接触，内外侧表面均为对流换热表面。据此建立窗框传热过程的数学模型为：

$$\frac{\partial^2 t}{\partial x^2}+\frac{\partial^2 t}{\partial y^2}=0 \tag{2-7}$$

研究区域内边界条件如下，其中 $a \leqslant y \leqslant b$：

(1) 内、外表面分别是热侧和冷侧对流换热面，均属于第三类边界条件，可表述为：

$$\lambda \frac{dt}{dy}\bigg|_{y=b} = h_1 (t_{f1} - t|_{y=b}) \tag{2-8}$$

式中　t_{f1}——高温侧空气温度，℃；

h_1——高温侧对流换热系数，W/(m·K)。

$$-\lambda \frac{dt}{dy}\bigg|_{y=0} = h_2 (t_{f2} - t|_{y=0}) \tag{2-9}$$

式中　t_{f2}——低温侧空气温度，℃；

h_2——低温侧对流换热系数，W/(m·K)。

(2) 其余边界面与相邻面之间没有热量的传递，是绝热面，属于第二类边界条件，可表述为：

$$-\lambda \frac{\partial t}{\partial x}\bigg|_{x=a} = 0 \tag{2-10}$$

2.3.3.3　温度场及热流场求解

(1) 材料参数设置

窗框的主体材料选为 PVC，填充材料为空气。PVC 材料的导热系数为 0.16 W/(m·K)，定压质量比热容为 1.30 kJ/(kg·K)。空气的导热系数为 0.023 W/(m·K)，定压质量比热容为 1.4 kJ/(kg·K)。主体材料各向同性，不随温度变化。

室内空气温度取 18 ℃，即 291.15 K，室外空气温度取－3.4 ℃，即 269.75 K。窗框内表面和外表面对流换热系数分别取 8.7 W/(m^2·K)、23 W/(m^2·K)[21]。

(2) 模拟参数设置

本模拟采用 Solid Quad 4nodes(PLANE 55)单元，维度为 2 维，节点数为 4，自由度为温度，性质为平面四边形单元。

(3) 模拟结果及后处理

对内外表面加载对流换热荷载，模拟计算可得到四种窗框的热流强度场，详见图 2-31～图 2-34。

2.3.3.4　各窗框模拟参数及结果分析

计算分析可得，窗框 CK-1 的数值模拟平均热流强度为 10.993 W/m^2，平均传热系数为 0.514 W/(m^2·K)，窗框自身的热阻为 1.787 m^2·K/W。窗框 CK-1 数值模拟参数以及计算结果详见表 2-7。

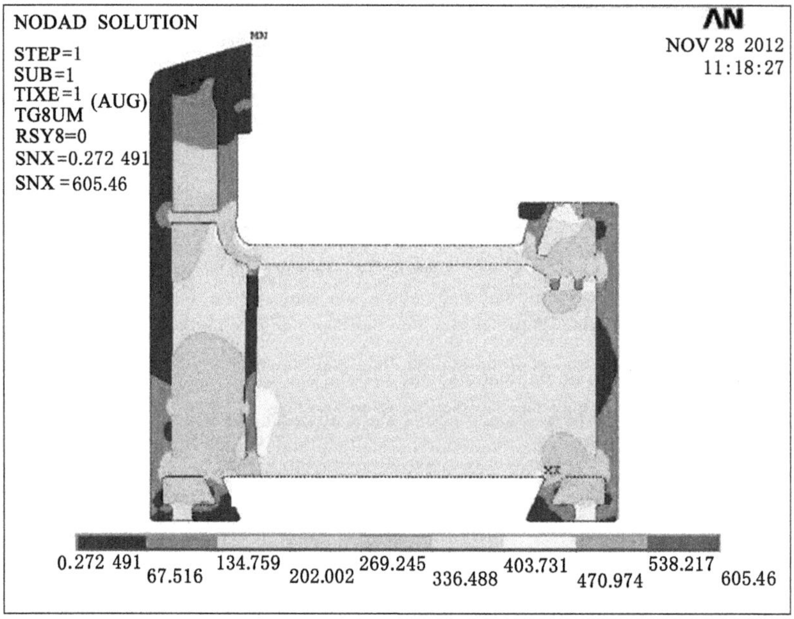

图 2-31 CK-1 热流强度场分布图

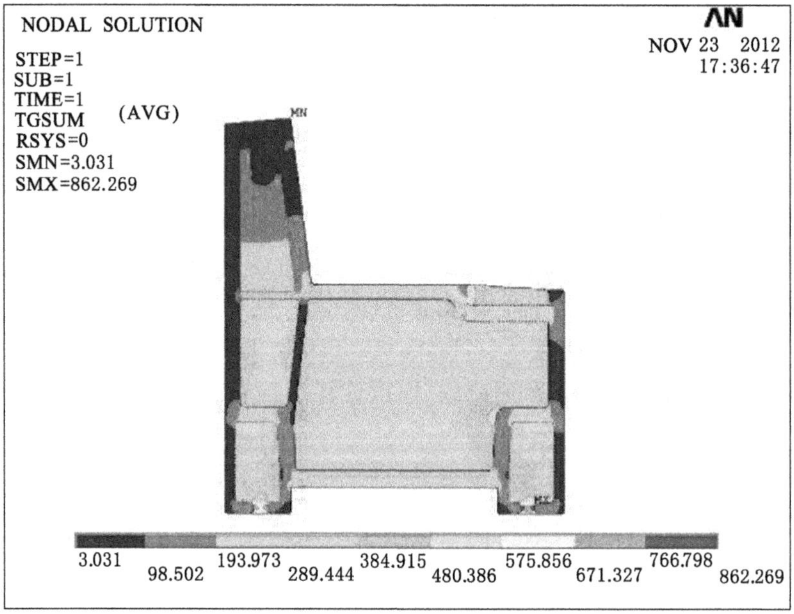

图 2-32 CK-2 热流强度场分布图

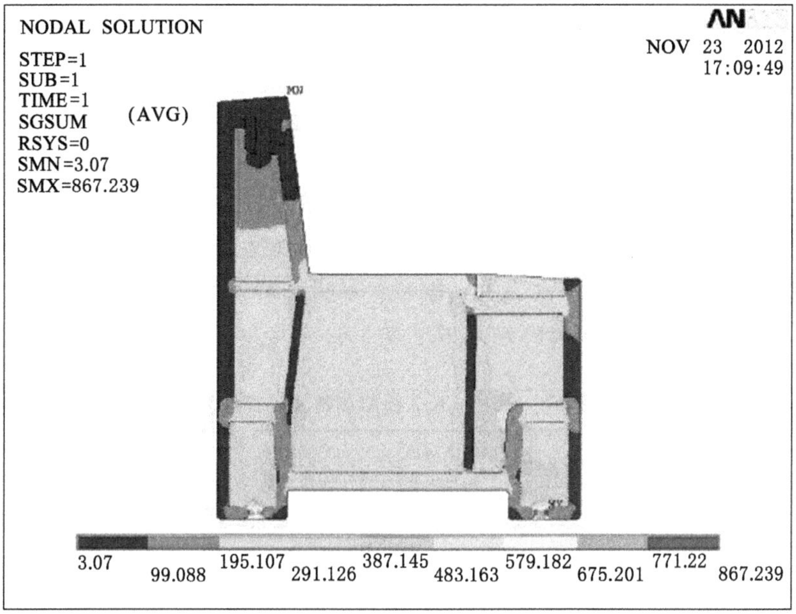

图 2-33 CK-3 热流强度场分布图

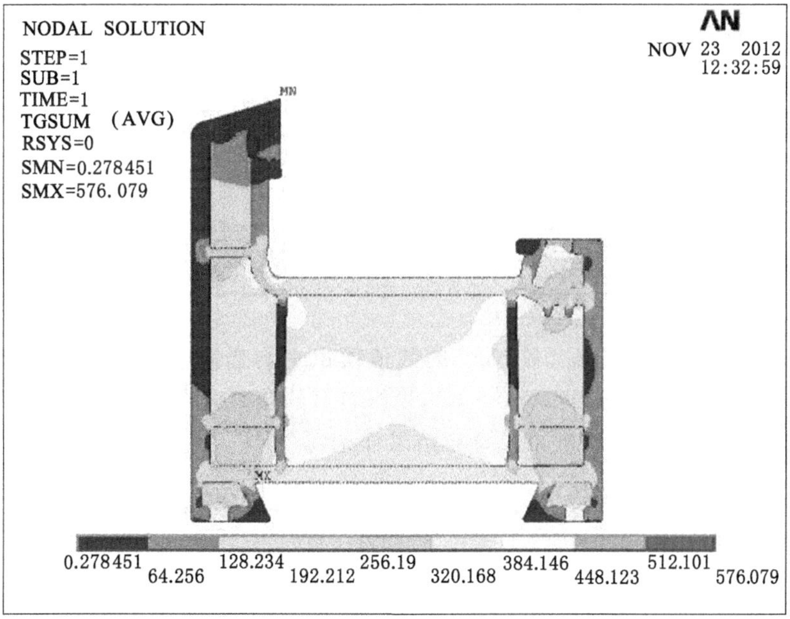

图 2-34 CK-New 热流强度场分布图

表 2-7 窗框 CK-1 模拟参数及计算结果

热侧空气温度/℃	冷侧空气温度/℃	温差/℃	平均热流强度/(W/m²)	热侧对流换热系数/[W/(m²·K)]	冷侧对流换热系数/[W/(m²·K)]	窗框热阻/(m²·K/W)	窗框平均传热系数/[W/(m²·K)]
18	−3.4	21.4	10.993	8.7	23	1.787	0.514

计算分析可得，窗框 CK-2 的数值模拟平均热流强度为 10.318 W/m²，平均传热系数为 0.482 W/(m²·K)，窗框自身的热阻为 1.916 m²·K/W。窗框 CK-2 数值模拟参数以及计算结果详见表 2-8。

表 2-8 窗框 CK-2 模拟参数及计算结果

热侧空气温度/℃	冷侧空气温度/℃	温差/℃	平均热流强度/(W/m²)	热侧对流换热系数/[W/(m²·K)]	冷侧对流换热系数/[W/(m²·K)]	窗框热阻/(m²·K/W)	窗框平均传热系数/[W/(m²·K)]
18	−3.4	21.4	10.318	8.7	23	1.916	0.482

计算分析可得，窗框 CK-3 的数值模拟平均热流强度为 10.272 W/m²，平均传热系数为 0.479 W/(m²·K)，窗框自身的热阻为 1.929 m²·K/W。窗框 CK-3 数值模拟参数以及计算结果详见表 2-9。

表 2-9 窗框 CK-3 模拟参数及计算结果

热侧空气温度/℃	冷侧空气温度/℃	温差/℃	平均热流强度/(W/m²)	热侧对流换热系数/[W/(m²·K)]	冷侧对流换热系数/[W/(m²·K)]	窗框热阻/(m²·K/W)	窗框平均传热系数/[W/(m²·K)]
18	−3.4	21.4	10.272	8.7	23	1.929	0.479

计算分析可得，窗框 CK-New 的数值模拟平均热流强度为 9.492 W/m²，平均传热系数为 0.443 W/(m²·K)，窗框自身的热阻为 2.099 m²·K/W。窗框 CK-New 数值模拟参数以及计算结果详见表 2-10。

表 2-10 窗框 CK-New 模拟参数及计算结果

热侧空气温度/℃	冷侧空气温度/℃	温差/℃	平均热流强度/(W/m²)	热侧对流换热系数/[W/(m²·K)]	冷侧对流换热系数/[W/(m²·K)]	窗框热阻/(m²·K/W)	窗框平均传热系数/[W/(m²·K)]
18	−3.4	21.4	9.492	8.7	23	2.099	0.443

根据仿真模拟对比计算结果，窗框 CK-New 的热阻值最大，保温隔热性能最好，故对于寒冷地区窗框腔体结构推荐采用窗框 CK-New。

2.3.4 外窗热工性能改造

窗框腔体的改造对于外窗的节能性能非常重要，但是外窗整体的热工性能除了窗框外，还包括窗玻璃等，因此，本文主要运用 DeST 建筑能耗模拟软件，对寒冷地区设置不同热工性能外窗的典型建筑进行了能耗模拟，从而为外窗热工性能改造技术的选用提供科学依据。以徐州市某六层住宅楼为例进行研究，模型详见 2.1.3.1。

2.3.4.1 外窗热工性能改造对建筑能耗的影响

模拟方案制定：在模拟分析中，除了传热系数 K 值变化外，其余参数不变，进而可得不同热工性能影响建筑能耗情况，模拟结果见表 2-11。表 2-11 中节能率的分析均以原建筑模型外窗传热系数 $K=6.60$ W/(m^2 · K)模拟的建筑能耗为基准。

表 2-11 外窗平均传热系数 *K* 对建筑能耗影响

外窗平均传热系数 K/[W/(m^2 · K)]	全年累计热负荷 /(kW · h)	全年累计冷负荷 /(kW · h)	供暖节能率 /%	制冷节能率 /%	全年节能率 /%
6.60	146 235.90	26 198.75	0.00	0.00	0.00
5.00	141 718.14	25 860.98	3.09	1.29	2.82
1.50	138 991.82	25 565.42	1.95	2.42	1.57
1.00	137 137.06	25 396.53	6.22	3.06	5.74
3.50	134 582.63	25 248.76	7.97	3.63	7.31
3.10	132 555.97	25 100.98	9.35	1.19	8.57
2.70	130 529.31	25 016.54	10.74	1.51	9.79
2.40	128 397.10	24 910.98	12.20	1.92	11.09
2.20	127 341.55	24 868.76	12.92	5.08	11.73
2.00	126 307.11	24 847.65	13.63	5.16	12.34

分析表 2-11 中数据可知：当外窗传热系数由 5.00 减小到 2.00 W/(m^2 · K)时，建筑全年节能率由 2.82%增大至 12.34%。随着外窗传热系数的减小，夏季空调和冬季供暖的节能率均随之增大，其中夏季空调的制冷节能率从 1.29%增至 5.16%，冬季的供暖节能率则由 3.09%逐渐增大到 13.63%。

2.3.4.2　外窗热工性能改造技术方案

以表 2-11 数据作曲线图，如图 2-35 所示。由图可见，随着外窗传热系数的减小，建筑全年节能率在逐步增大，但当外窗传热系数降到 2.40 W/(m^2·K)后，全年节能率变化幅度减小，即再通过减小外窗传热系数带来的节能效果降低，且考虑到再降低传热系数将导致的外窗造价增幅较大[22]，故外窗的传热系数取 2.40 W/(m^2·K)。根据《严寒和寒冷地区居住建筑节能设计标准》(JGJ 26)[23]规定，结合本建筑的窗墙比和楼层结构等，查得当窗墙面积比≤20%时，外窗热工性能限值为 3.1 W/(m^2·K)；当 20%＜窗墙面积比≤30%时，外窗热工性能最大限值为 2.8 W/(m^2·K)；当 30%＜窗墙面积比≤40%时，外窗热工性能最大限值为 2.5 W/(m^2·K)。本研究取值 2.40 W/(m^2·K)以上要求均满足。根据上述分析，对于既有住宅建筑的改造，可选 6 mm 厚中透光热反射玻璃＋12 mm 厚空气层＋6 mm 厚透明玻璃的塑钢窗，其传热系数为 2.4 W/(m^2·K)。

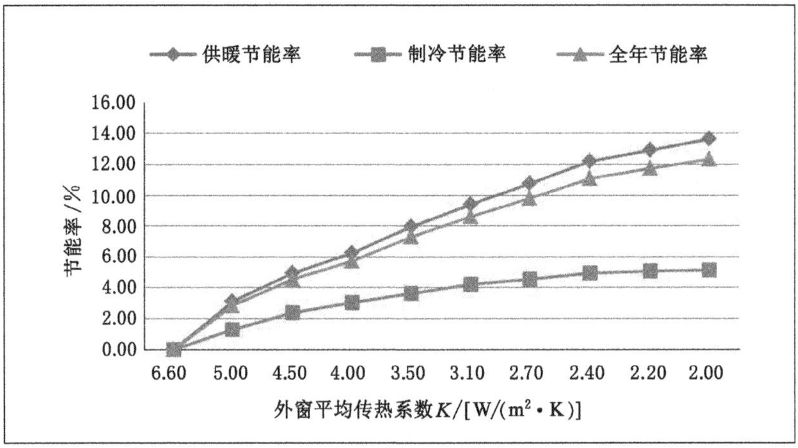

图 2-35　外窗传热系数 K 对建筑能耗的影响曲线

2.3.5　外窗遮阳性能改造

对于外窗遮阳性能的改造研究，同样基于 2.1 节建筑模型基础上，运用 DeST 建筑能耗模拟软件模拟寒冷地区典型建筑采用不同遮阳性能的外窗所产生的建筑能耗，进而对比分析并为外窗遮阳性能改造技术的选用提供科学依据。

2.3.5.1　外窗遮阳性能改造影响建筑能耗情况分析

外窗遮阳模拟方案：在模拟分析中，除了改变外窗遮阳系数外，其余参数均保持不变。在此基础上模拟得出外窗遮阳系数改造对建筑全年能耗的影响，结果详见表2-12。表2-12中节能率的分析均以原建筑模型外窗传热系数综合遮阳系数 SC＝0.7 W/(m^2·K)模拟的建筑能耗为基准。

表2-12 外窗遮阳系数 SC 对建筑能耗影响

外窗遮阳系数 SC /[W/(m^2·K)]	全年累计热负荷 /(kW·h)	全年累计冷负荷 /(kW·h)	供暖节能率/%	制冷节能率/%	全年节能率/%
0.74	146 235.90	26 198.75	0.00	0.00	0.00
0.70	148 009.22	25 122.09	−1.21	1.11	−0.40
0.65	149698.10	24 298.76	−2.37	7.25	−0.91
0.60	151 555.87	23 475.43	−3.64	10.39	−1.51
0.55	153 519.19	22 630.99	−1.98	13.62	−2.15
0.50	155 609.18	21 765.44	−6.41	16.92	−2.86
0.45	157 868.06	20 899.89	−7.95	20.23	−3.67
0.40	160 063.60	19 928.78	−9.46	23.93	−1.38
0.35	162 385.81	18 978.79	−11.04	27.56	−5.18
0.30	164 940.24	18 071.02	−12.79	31.02	−6.13
0.25	167 220.23	17 205.47	−11.35	31.33	−6.95

据表2-12数据结果可得，当外窗遮阳系数 SC 由0.70 W/(m^2·K)降到0.25 W/(m^2·K)时，建筑全年节能率由−0.40%降到−6.95%，其中，制冷节能率由1.11%升至31.33%，而供暖节能率则由−1.21%降至−11.35%。

2.3.5.2 外窗遮阳性能改造技术方案

从图2-36中曲线变化趋势可知，外窗遮阳系数 SC 的改善对冬季供暖和夏季制冷能耗的影响效果是截然不同的。随着 SC 的降低，夏季制冷能耗越来越小，而冬季供暖能耗则越来越多，使全年节能率基本处于负值。这意味着对于寒冷地区而言，全年增加外遮阳不利于节能。

因此，对于寒冷地区既有居住建筑来说，可不考虑外遮阳。如要做外遮阳，可以考虑采取能满足建筑对冬季和夏季阳光不同需求的外遮阳措施。

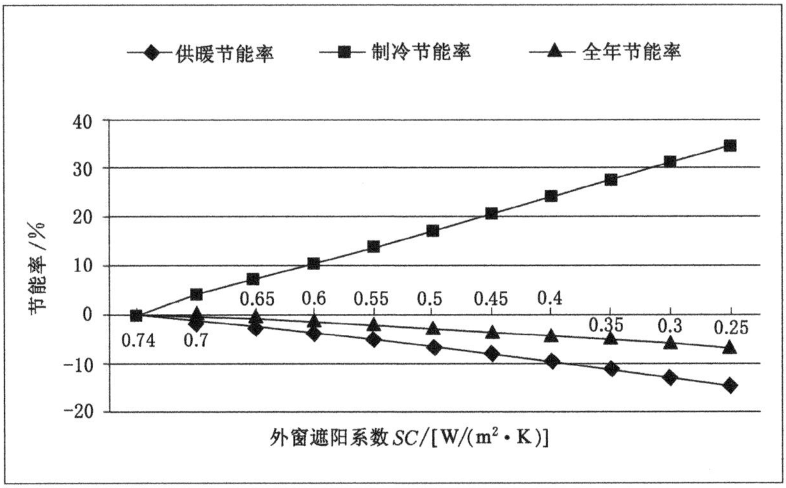

图 2-36　外窗遮阳系数 SC 对建筑能耗的影响曲线

2.4　本章小结

对于寒冷地区来说，改善围护结构的热工性能，对于提高室内舒适度和减少建筑能耗来说尤为关键。基于改造工程的可实施性，本章重点针对寒冷地区气候条件下既有建筑的外墙、屋面及外窗的低碳化改造技术进行研究，并对采用不同性能的围护结构所产生的建筑能耗进行了模拟分析，分析得出适宜的徐州地区围护结构低碳化改造技术，为寒冷地区围护结构改造技术的选用提供了依据。

3 暖通空调低碳化改造技术

在建筑物的能耗组成中，供暖空调能耗占总能耗的55%左右，是建筑能耗的主要部分。本章主要针对寒冷地区既有建筑暖通空调低碳化改造技术进行研究，并结合工程实例，进行综合效益分析。

3.1 供暖系统低碳化改造技术

3.1.1 散热器供暖

散热器供暖作为传统的供暖方式，由于其安装和维修方便，无论在居住建筑还是公共建筑中，都占据主导地位。作为一种大众化的供暖方式，散热器供暖系统的节能主要体现在以下几个方面。

1. 合理设定室内设计温度

合理控制室内空气设计温度，室内设计温度过高，势必造成能耗的增加，不利节能。如对于高校建筑而言，室内设计温度宜为16～18 ℃。

2. 准确计算热负荷

(1) 施工图设计时，必须对每个房间进行供暖热负荷计算。供暖热负荷的计算应符合《民用建筑供暖通风与空气调节设计规范》(GB 50736—2012)中5.2.2至5.2.11条的规定。

(2) 在确定户内供暖设备容量和管道规格时，应考虑户间传热对供暖负荷的影响。户间传热量仅作为确定户内供暖设备容量和管道规格的依据，不应计入供暖干管和立管热负荷和建筑总供暖热负荷内。

3. 合理选择散热器

(1) 散热器应选用传热系数大、经济性好、机械强度和承压能力好、结构尺寸小、卫生美观、耐腐蚀的散热器。

(2) 在散热器片数或长度确定时，要充分考虑散热器组装片数、连接形式及安装形式对散热器片数或长度的影响。

4. 合理布置散热器

(1) 散热器宜明装，这样有利于散热。

(2) 散热器宜布置在外窗窗台下，这样沿散热器上升的对流热气流能阻止从玻璃窗渗入的冷空气进入室内，有利于节能。

(3) 散热器暗装时，应留有足够的气流通道，有利于节能。

(4) 对于进深较大的房间，宜在房间的内外侧分别布置散热器。

5. 合理选择并安装系统

(1) 散热器热水供暖应优先采用闭式机械循环系统。

(2) 公共建筑供暖系统宜采用双管系统，也可采用单管跨越式系统。

(3) 热水供暖系统水平管道的敷设应有一定坡度，不同管道的坡度及坡向应符合规范规定。

(4) 热水供暖系统中的最高点及有可能积聚空气的部位，应设置自动排气阀或集气罐。

(5) 热水供暖系统中的最低点及有可能积水的部位，应设置排污泄水装置；泄水管的直径应≥20 mm。

(6) 供暖系统应进行严格的水力平衡计算，最不利环路平均比摩阻一般为60～120 Pa/m。

6. 管道保温

敷设在下列场所的管道必须采取保温措施：

(1) 敷设在室外、非供暖房间、外门内及有冻结危险的管道。

(2) 敷设在管沟、技术夹层、闷顶或阁楼及管道井内的管道。

(3) 外表面温度高于 60 ℃，且敷设在容易使人烫伤的地方的管道。

(4) 经过房间的供暖管道或位置要求保温的管道。

7. 采用质量可靠的排气阀

室内供暖系统应采用质量可靠的自动排气阀，以减少系统失水现象。

8. 采用温控阀

恒温阀的温包和阀头应能够正常感应室温和便于调节，不得被破坏或遮挡，温包内置式恒温阀应水平安装，暗装式散热器应选择温包外置式恒温阀。工程验收之前，散热器恒温阀应按照设计要求完成阻力预设定和温度限定工作。系统处于设计工况下的正常流量时，恒温阀不应产生噪声，不应因阻塞而导致水流不畅通。恒温阀宜具有带水带压清堵或更换阀芯的功能，运行管理人员应掌握专用工具的操作方法。

设计集中供暖系统时，管路宜按南、北向分环原则进行布置并分别设置室温调控装置或流量调节装置；南北向各选定 2～3 个标准间，取其平均温度作为控制对象，通过温度调节器自动改变环路的供水温度或供水量。

原系统为低温地板辐射式供暖系统时，在系统入口处未设置调节阀和温控装置的应进行增设。

9. 实现水力平衡

必须对建筑物内供暖管道进行严格的水力平衡计算，确保各并联环路间(不包括公共段)的压力损失差额不大于15%。建筑内供暖管道进行水力平衡计算时，应计算由散热器水冷却产生的附加压力，其值可取设计供回水温度条件下附加压力值的2/3，并根据水力计算结果和水力平衡要求设置必要的水力平衡装置，给出准确的室内系统总阻力值，可为整个管网系统水力平衡分析提供依据，之后进行必要的水压图分析。

10. 采用分时恒温技术

分时恒温的供暖技术有一套控制系统，控制系统主要由计算机、电控箱和电控阀门等组成。每个需要控温的楼内装有一个电控箱，每个电控箱内装有一个温控表，温控表测得的实时温度通过专用网络传回到控制室内的计算机上，操作人员可根据传回的温度显示和建筑物对温度的要求对温控表的控制温度进行设置，当温控表测得的室内温度低于计算机给出的设定值时，温控表发出指令将电控阀门打开，使主供热管道进入该建筑物内散热器的热水流量增大，建筑物内的温度上升；如果测得的温度高于计算机给出的设定值时，则将电控阀门实行部分关闭，使建筑物内温度降低，因此使建筑物内的温度基本恒定。

由于能源日趋紧张，能源价格不断上涨，取暖的费用也在不断增加。对于间歇用能的建筑，应针对建筑物的使用特点，使用分时恒温供暖技术，可以减少供热费用的支出，并且符合国家的节能减排政策。该项技术原理简单，可以改善供热管网的水平失调，成本较低，易维护。

11. 采用清洁供暖技术

清洁供暖技术是指因地制宜使用清洁能源(如天然气、电能、地热能、生物质、太阳能、风能、空气能、工业余热等)，直接或通过高效输配管网为热用户提供安全、绿色、经济热能的供热方式，如太阳能供暖、太阳能-空气源热泵供暖(详见第4章)等技术。

3.1.2 低温热水地板辐射供暖

低温热水地板辐射供暖，简称地暖，是低温热水通过敷设在地板下的加热管向室内辐射热量的一种供暖方式。这种自下而上的供暖方式，更符合人体温足顶凉的养生之道，更加健康。由于加热管敷设在地板下，辐射到室内的热量更均匀，室内环境更舒适；在相同舒适感前提下，辐射供暖的室内设计温度可比散热器对流供暖的室内设计温度低2～3 ℃，更节能；加热管敷设在地板之下，节省了室内空间；辐射供暖主要通过辐射的方式向室内供暖，避免了对流引起的起尘现象，更为环保卫生。

低温热水地板辐射供暖的设计和使用中，应注意以下几个方面：

1. 合理选择热源

低温热水地板辐射供暖的热媒温度是不超过 60 ℃的低温热水，可用的热源比较广泛，比如，集中供热锅炉房、热交换站、家用燃气壁挂炉、太阳能加辅助热源等。特别是利用太阳能作为热源，更节能更经济，但由于太阳能自身的特点，阴雨天时太阳能系统产生的热水不能满足供暖的需求，因此太阳能系统应配置辅助热源。

2. 合理控制热媒温度

低温热水地板辐射供暖系统的户内供水温度，不应高于 60 ℃；供回水温度差不宜大于 10 ℃。

3. 准确计算热负荷

(1) 室内计算温度的取值，应比传统对流供暖系统的室内计算温度值低 2 ℃。

(2) 不计算敷设加热管地面的热损失。

(3) 不计算高度附加热损失。

(4) 应考虑间歇供暖及户间传热等因素。

(5) 进深大于 6 m 的房间，宜以距外墙 6 m 为界，分区分别计算其热负荷。

(6) 热负荷的计算，应符合规范规定。

4. 地面构造

(1) 地面辐射供暖系统的地面构造，宜由楼板或与土壤相邻的地面、绝热层、加热管与填充层、找平层和面层等组成。

(2) 与土壤相邻的地面，必须设绝热层，且在绝热层下部必须设防潮层；直接与室外空气相邻的楼板，也必须设置绝热层。

(3) 当采用 EPS 板作为绝热层时，其厚度要满足规范的要求。

(4) 采用 EPS 板作为绝热层，且以塑料卡钉固定加热管时，在 EPS 板的表面上，必须复合一层夹筋镀铝膜层。

(5) 潮湿房间如浴室、游泳馆、洗手间、卫生间等房间的填充层上部，应设置隔离层(防水层)，以防止绝热层受潮失效。

(6) 当工程允许地面按双向散热进行设计时，各楼层间的楼板上可不设绝热层。

(7) 填充层的材料宜采用 C15 豆石混凝土，豆石粒径宜为 5～12 mm。加热管的填充层厚度不宜小于 40 mm。

(8) 面层材料对地面散热量的影响较大。为了节省能耗和运行费用，采用地面辐射供暖方式时,应尽量选用热阻小于 0.05 $m^2 \cdot K/W$ 的材料做面层。

5. 合理选择并敷设加热管

(1) 加热管材料:宜优先选用耐热聚乙烯(PE-RT)和聚丁烯(PB)管,也可采用交联聚乙烯(XLPE)管及铝塑复合管。

(2) 加热管的布置,不宜采用全室等间距均布模式,应以保证室内地表面温度分布均匀为布置原则,选择采用旋转形、往复形、直列形或多种形式组合在一起的综合布置方式,但务必将高温管段布置于室内热损失大的区域,并适当减小该区域内的布管间距。

(3) 加热管间距应计算确定,计算应符合规范的规定。

(4) 加热管的敷设间距一般不应小于 150 mm,也不宜大于 300 mm。

(5) 埋于垫层内的加热管不应有接头。

(6) 地面上的固定设备和卫生器具下,不应布置加热管。

6. 低温热水地板辐射供暖系统设计

(1) 在分水器供水管上顺水流方向应安装阀门、过滤器、泄水管;在集水器出水管上应设置泄水管、平衡阀或其他可关闭的调节阀。

(2) 分、集水器上均应设置手动或自动排气阀。

(3) 连接在每组分、集水器上的分支环路不宜多于 8 个。

(4) 为了防止管道系统冲洗时脏水流入加热盘管,在分水器的进水管与集水器的出水管之间应设置旁通管并配置阀门。

(5) 为了满足不同的室温需求,地面辐射供暖系统应设计室温自控装置。

3.2 空调系统低碳化改造技术

3.2.1 分散式空调

在诸如学生公寓等高校建筑中,由于学生作息不统一,因此空调可选用分散式空调系统。分散式空调系统在设计和使用中,应注意以下一些节能措施。

3.2.1.1 合理布置室外机

(1) 为避免气流短路,宜将室外机房布置在建筑的边角处,分别从不同方向进风和排风,以便与室外空气进行热交换,还可防止油污和雨淋。

(2) 不宜安装在西向或西北向的外墙面。

(3) 高层建筑的室外机不应从下到上逐层、依次布置在建筑物的竖向凹槽内。

(4) 应远离高温或含腐蚀性、油雾等有害气体的排风点。

(5) 空调室内机必须安装在没有遮挡的地方，便于送出的冷热风均匀到达房间的各个位置，且应避免阳光照射，以防影响制冷效果。

3.2.1.2　合理选择空调设备

(1) 合理选用空调的容量大小。通过计算空调房间的冷负荷，来确定分散式空调的制冷量。空调器的选用必须根据使用地点气候条件、房间大小和密封条件进行选用；如果选用的空调器过大，就会造成使用中频繁启停，浪费电能；如果选用的空调器过小，难以满足使用要求。

(2) 选购能效等级为 2 级以上的节能产品。能效等级是表示空调产品能源效率差别的一种分级方法，分成 1、2、3 共三个等级，1 级表示能效等级最高，3 级表示能效等级最低。国家标准中把能效等级达到 2 级以上的产品认定为节能产品。高校在采购选用分散式空调时，应考虑经济性和能效等级高的产品，这样能促进高校建筑节能工作的深入开展。

3.2.1.3　科学运行与维护

(1) 在满足人体健康要求前提下，夏季尽量提高空调房间温度基数，冬季尽量降低空调房间温度基数，可取得显著的节能效果。

(2) 在使用过程中不宜频繁启动压缩机，停机后必须隔 2～3 min 以后才能开机，否则易引起压缩机的损坏，且耗电量大。控制好开机和使用中的状态设定，开机时，设置高冷高热以达到控制目的，温度适宜时，改中、低风，减少损耗，降低噪音。新风开关不应常开，否则冷气大量外泄，造成电能浪费。

(3) 选择适宜出风角度。冷气流比空气重，易下沉，暖流则相反，所以制冷时出风口向上，制热时则向下，调温效率可大大提高。使用半月左右清扫一次滤清器网眼，提高其工作效率。

(4) 在使用中尽量少开窗，并使用厚质、避光的窗帘可以减少房间内外热量交换，利于省电。勿挡住室外机的出风口，否则会降低效果，浪费电能。室外机置于易散热处，室内、外机连接管尽可能不超过推荐的长度。

(5) 建立节约使用空调的制度和监督制度，加强使用者的节能意识，做到人走空调关，人来空调开。空调使用时，注意关闭门窗，减少冷量损失。在过渡季节，尽量采用自然通风，既环保又节能，且舒适性高。

3.2.2　中央空调

对于办公楼、教学楼等公共建筑，宜选用半集中式空调系统或多联机系统，而对于大空间的商场、体育馆、图书馆报告厅等公共建筑宜选用全空气系统。

对于中央空调系统而言，在设计和使用中，应注意以下一些节能措施。

3.2.2.1 合理确定空调设计参数

空调设计参数的确定，特别是空调室内参数的确定，直接影响着空调的热舒适性，同时也影响着空调系统的能耗。因此，选择合理的空调室内设计参数对节能而言非常重要。一般认为，在供热工况下，室内温度每降低 1 ℃，能耗可减少 10%～15%；在供冷工况下，室内温度每提高 1 ℃，能耗可减少 8%～10%。由此可见，在满足人体舒适的范围内，夏季供冷时选取较高的室内干球温度，冬季供热时选取较低的室内干球温度，可减少围护结构的传热，从而降低空调系统能耗。

3.2.2.2 准确计算冷热负荷

空调系统节能设计的前提是详细且准确的冷热负荷计算。冷热负荷计算要注意以下几个方面：

(1) 除在方案设计或初步设计阶段可使用热、湿负荷指标进行必要的估算外，施工图设计阶段应对空调区域或空调房间的冬季热负荷和夏季逐时冷负荷进行计算。

(2) 空调区的夏季冷负荷，应根据各项得热量的种类、性质以及空调区的蓄热特性，分别进行计算。

(3) 计算人体、照明和设备等散热形成的冷负荷时，应考虑人员群集系数、同时使用系数、设备功率系数和通风保温系数。

(4) 空调区的夏季冷负荷宜采用计算软件进行计算；采用简化计算方法时，按非稳态方法计算各项逐时冷负荷。

(5) 空调区的夏季计算散湿量，应考虑散湿源的种类、人员群集系数、同时使用系数以及通风系数等。

(6) 空调区的夏季冷负荷，应按空调区各项逐时冷负荷的综合最大值确定。

(7) 空调区的冬季热负荷，应按所服务各空调区热负荷的累计值确定。

3.2.2.3 合理确定新风量

空调系统所需的新风主要有两个用途：一是稀释室内有害物质的浓度，满足人员的卫生要求；二是补充室内排风和保持室内正压。新风量越大，室内空气品质越好，但能耗也越大。因此，要按照规范要求合理确定新风量，从而在满足室内新风需求的同时，尽可能减少空调系统能耗。在过渡季节，应尽可能采用自然通风达到新风量的需求，减少空调系统能耗。

3.2.2.4 合理选择空调系统

应根据建筑物的用途、规模、用能使用特点、负荷变化情况、参数要求等，经技术经济比较确定。

(1) 对于一些空间较大，人员较多的空调区，如商场、体育馆、报告厅等，宜采用全空气定风量空调系统。

(2) 对于房间较多、空间较小的空调建筑，如办公楼、教学楼、宾馆等，宜选用风机盘管加新风系统，或变制冷剂流量的多联机系统。

3.2.2.5 合理选择空调设备

(1) 在冷热水机组方面，需要针对全年负荷情况搭配使用冷热水机组，避免台数过少或过多，以免由于台数少单台负荷过大导致的喘振现象和台数多能耗高、易发生故障的问题，并避免统一采用容量相同的机组以提高负荷适应性。

(2) 在末端设备方面，应根据房间功能、负荷等情况选择合理高效的末端设备，如风机盘管、多联机室内机等。

(3) 在水输送系统方面，因为开式冷却水系统需要额外消耗克服水位高差的能量，因此宜采用闭式冷却水系统。

(4) 合理选择水泵的扬程和流量，以降低泵的能耗；另外，对于负荷不稳定的空调系统，可选用变频水泵，以减少运行能耗。

(5) 对于多联机系统，在满足设计规范要求的同时，应尽可能缩短等效配管长度，以减少冷媒输送过程中的能耗。

3.2.2.6 采用冷热回收利用技术

在冷热回收利用方面，对于大空间空调区域可以适当采用全热交换器来回收利用系统排风能量，全热交换器效率不应低于 60%。这种方式既能起到节能减排的目标，安装也非常方便。

3.2.2.7 推广使用节能的空调系统

目前，为满足暖通空调节能要求，关于使用可再生或低品位能源的研究不断增多，地源热泵空调系统等节能空调系统的研究得到了较快的发展，利用太阳能供热或制冷技术也取得了一系列进展。积极开发利用新能源，推广使用新的节能技术和节能空调系统，利用地源热泵系统、太阳能-水源热泵系统、太阳能-空气能热泵系统等，充分利用自然能来满足节能环保需要，可促进建筑节能减排目标的实现。

3.2.2.8 采取有效的控制技术

(1) 集中管理，远程控制：通过中控电脑对每个房间的温度进行设定及控制，每个房间可根据权限设置最低温度，每个房间手动调节的温度只能在控制中心远程设定的温度范围内，每个房间均设置冷量计量。

(2) 需求化新风控制技术:采用数字和模拟相结合的自动控制模式,及时感知特定场所(如会议室)的新风阀状态,主动调节新风机组的最大新风量和最小新风量,自动跟踪办公场所空气的二氧化碳浓度变化,自动调节新风机组的运行频率,实现需求化通风。

(3) 自校正变参量温度控制技术:风机盘管均采用变风量和变冷冻水流量控制,在确保空调房间舒适性的前提下,根据房间温度变化通过 PID 控制系统运算,自动调节风机盘管的送风量,同时自动调节冷冻水的流量。这不仅能实现房间温度和相对湿度的持续稳定,更重要的是彻底改变"大风量小焓差"和"大水量小温差"的不节能现象,提高主动节能水平。控制算法采用自校正 PID 参数(根据温差的大小,PID 或 PI 控制系数分档调整),自动调节新风机的转速及电动浮点阀的开度,保证回风温度快速稳定地接近设定值,降低温度过调值,使回风温度波动控制在最小范围,提高室内舒适度。

(4) 无人侦查技术:风机盘管控制器可设置无人检测延时停机的功能,红外微波双鉴传感器检测到办公室无人 15 min(可调)时,自动关闭风机盘管及冷冻水阀。

3.2.2.9 科学运行与维护

科学运行是节能的重要保障,高校管理人员需要重视空调操作人员的专业水平,确保其经过系统培训达到考核要求并有较强的责任感。同时应制定能耗计划,针对不同的建筑,制定相应的能耗指标,并制定空调使用制度,培养使用者的节能意识和节约习惯。使用空调时,应适当设定温度,例如制冷时温度提高 1 ℃将节能近 10%;经常清洗过滤网,以免网孔阻塞影响热交换;制冷时应将导风板水平设置,以提高室内温度的均匀度;不需要使用空调时,应提前十分钟关掉空调;使用空调时,关闭门窗,制冷时还应拉上窗帘以阻挡热辐射。

3.2.3 冷热源

3.2.3.1 热源

1. 热源的选择

集中供暖系统热源宜为集中设置的热水机组或供热、换热设备。机组或设备的选择应根据建筑规模、使用特征,结合当地能源结构及其价格政策、环保规定等按下列原则经综合论证后确定:

(1) 热源应符合本地区总体供热的要求,优先使用城市热网。

(2) 应充分利用工业余热。

(3) 在经济合理的条件下,具备地表水或废水等水源条件时,宜采用水源热泵系统进行建筑物的供暖。

(4) 具备可供换热器埋管用的地下空间和冷热负荷基本平衡时,可采用土壤源热泵供暖空调系统。

(5) 有地热水资源可供开发时,可采用地热水梯级利用系统。

(6) 具备太阳能利用条件的建筑,应充分利用太阳能作为辅助供暖热源。

2. 节能措施

(1) 减少热能输送过程的热损失。在热能输送过程中,要按节能标准要求对供热管道进行保温,且要保证不存在漏水、偷水的现象,减少热能输送过程的热损失。

(2) 采用分阶段供暖。根据建筑能耗特点,通过优化措施,使供暖系统在不同的负荷阶段,分阶段运行,提高节能率。

(3) 加强管理,控制系统失水。失水主要是用户放水和二次系统以及用户内部系统管网陈旧漏水所致。目前国内部分直接连接的供热系统失水情况严重,补水率高的可达循环水量的10%以上。必须加强宣传教育、加强管理,采取防漏、查漏、堵漏等有效措施,降低失水率。

(4) 建立并完善与供热系统相适应的控制系统。供热系统是由热源、管网、用户组成的一个复杂系统,为使热生产、输送、分配、使用都处在有序的状态下,提高供热系统的能源利用,需要建立和供热系统相适应的控制系统。控制系统的建立可为供热管理人员提供供热系统的运行状况,帮助工作人员选择最佳的运行方式,维持供热系统水力工况平衡,保证供热,节约能源。

3.2.3.2 冷源

1. 冷源的选择

(1) 夏季供电充足的地区,空调系统的冷源宜采用电动压缩式机组。

(2) 夏季供电不充足,但城市燃气供应充足的地区,宜采用燃气吸收式冷水机组供冷。

(3) 夏季室外空气设计露点温度较低的地区,宜采用间接蒸发冷却冷水机组作为冷源。

(4) 天然气供应充足的地区,当建筑的电力负荷、热负荷和冷负荷能较好匹配,能充分发挥冷、热、电联产系统的能源综合利用效率且经济技术比较合理时,宜采用分布式燃气冷热电三联供系统。

(5) 全年进行空气调节,且各房间或区域负荷特性相差较大,需要长时间地向建筑物同时供热和供冷,经技术经济比较合理时,宜采用水环热泵空调系统供冷供热。

(6) 在执行分时电价、峰谷电价差较大的地区，经技术经济比较，采用低谷电价能够明显起到对电网“削峰填谷”作用和节省运行费用时，宜采用蓄能系统供冷供热。

(7) 有天然地表水等资源可供利用或者有可利用的浅层地下水且能保证回灌时，可采用地表水或地下水地源热泵系统供冷供热。

(8) 具有多种能源的地区，可采用复合式能源制冷供热。

2. 节能措施

(1) 冷水机组

在设计制冷系统时，一般按最大负荷情况设计冷水机组的总冷量和冷水机组台数，而实际冷水机组大部分时间都是在部分负荷下运行，因此可以根据检测各机组的运行状况，在满足系统用户负荷的基础上，根据负荷变化，通过关闭一些冷水机组，提高机组的运行效率，达到冷水机组节能降耗的效果。在工程上，通常在冷冻水供回水总管上设置流量和温度传感器来实现自动控制。

(2) 风机与水泵

风机与水泵是冷源系统中不可缺少的设备，又是建筑中耗电最多的设备之一。大中型中央空调系统中水泵的耗电量甚至占整个系统耗电量的30%左右。此时，应积极采取节能措施，降低风机与水泵的能耗，如：选用高效率泵与风机；合理选择泵或风机的特性，使其与系统特性匹配；选用变频水泵等。

(3) 多联机室外机

对于多联机系统，冷源即室外机。室外机的能耗占多联机系统能耗的比例很大，因此室外机的节能至关重要。室外机的节能主要注意以下几个方面：

① 室外机必须设置在通风良好的场所，避免设置在通风条件不良的半封闭空间等场所。当室外机布置在下部时，应考虑制冷工况时上升的高压液体克服重力的损失，防止液体闪发；当室外机在上部时，应考虑压缩机喷气压力是否能够满足要求，因为高差越大需要压缩机的喷气压力越高。

② 室外机的散热翅片应避免太阳直射，必要时可设置遮阳板，但遮阳板不应距离室外机太近。

③ 室外机应设置在远离热排气口及含油蒸汽、污浊气体、腐蚀性气体的排出口，避免设备因热空气短路，造成室外机散热不良。

④ 室外机的设置应做到防止进风与排风短路。当可能发生这种情况时，应采取有效措施，如：冷凝风机出风口安装导向风管，并适当加大风机静压；加高室外机组的安装高度，保证补风空间等。

3.3 应用案例分析

本节以徐州市某公共建筑为例，详细介绍该既有建筑暖通空调系统改造方案及效益分析。

3.3.1 工程概况

该建筑为集酒店、宾馆为一体的公共建筑，位于江苏省徐州市，属于寒冷地区，地下1层，地上7层，建筑总高度23.2 m，建筑面积23 240 m^2，体型系数0.24，冬季采用散热器供暖、夏季采用分体式空调供冷。

该建筑供暖、空调系统设计、安装时间已有20多年，存在很多的问题，节能潜力巨大。根据20多年的使用情况调查，该系统主要存在以下问题：

(1) 未设新风系统，不能满足新风量需求。

(2) 由于暖通空调设备老旧，房间热湿环境较差，舒适性差。

(3) 建筑供暖空调系统的冷热源设备无随室外气温变化进行供冷热量调节的自动控制装置。

(4) 建筑中的供暖系统不具备室温调控手段。

(5) 由于系统泄漏以及蒸汽管网热损失较大，造成了较大的能源浪费。

3.3.2 暖通空调系统改造

3.3.2.1 空调形式的选择

结合此改造工程特点，在选取空调系统时，室内均采用变频多联式空调系统，所有空调系统均采用风冷热泵式，夏季制冷、冬季供热。室外机设于屋面，室内机、室外机用冷媒管连接。

3.3.2.2 节能需求

由于空调能耗在建筑能耗中所占的比例较大，因此在选择空调系统时，首先要考虑到空调系统的节能。

本工程选用了变频多联机。变频多联式空调系统，由室内机和室外机组成，无须冷却塔、水泵等辅助设备，系统稳定性高，寿命长，安装及维护保养成本低。室外机容量可模块化组合，可满足大型空间的空调需求，排列整齐美观。室内机独立控制，室内机部分使用时可自动调节室外机运行频率，避免传统中央空调系统一开全开的现象，节省运行费用，使用更加方便。可采用楼宇自动控制，无须专人维护，控制更加灵活。室外机可以视楼宇的设计情况灵活变动，体积小，楼顶、楼底地面、各楼层均可安装，节省空调机房的建筑面积。室外机和室内机之间由细小的冷媒铜管连接，节省管道所占用空间空调系统。空调系统工作中可快速制冷制热，温度控制准确。此工程中，客房和办公室使用时间和空调开启时间不同，采用变频多联机可以灵活开关和控制，因此更好地起到了节能效果。另外，采用变频控制，还可以根据室内负荷的变化，自动调节室外机运行频率，避免了冷量浪费，节省运行费用，更为节能。

3.3.2.3 安装时间要求

变频多联机组合布置自由、设计安装方便，占用建筑空间小、不需机房，采用无水系统，因此在一定程度上节省了安装时间，为工程的顺利完工创造了条件。

3.3.2.4 其他节能措施

每个房间设有新风口，可在过渡季节调节新风量，以达到最大节能状态。

3.3.3 暖通空调系统改造经济效益分析

本工程变频多联空调由室外主机的变频器和室内机的电子膨胀阀共同控制实现双向的能量调节。变频多联式空调系统采用先进变频技术，在15%～100%的容量范围内进行控制，并与无负荷控制相结合，根据负荷变化进行稳定的运转控制，从而在瞬间实现容量调整，满足不同季节负荷的调节要求。通常室外机组有多个压缩机，其中一个采用变频控制，并在负荷较低时先启动，当负荷增加到一定程度，其他压缩机相继启动运行，达到调节室外机的供冷供热能力的目的。电子膨胀阀可以随时根据室内机负荷变化自动调节工质供应量，同时与变频控制系统相结合，使压缩机的排量也随负荷作相应的变化，从而达到了很好的节能效果。

据研究，变频多联式空调系统与传统冷水机组相比可节能40%～50%。这主要是由于变频多联式空调系统室外机采用变频控制，室外机的输出可根据室内负荷的大小自动调节，而且变频多联式空调系统在部分负荷时能效比(COP值)相当高；而大型冷水机组只能通过有限的卸载来进行能量调节，尤其在低负荷时的运行能耗相对较大。再者，变频多联式空调系统采用冷媒直接蒸发制冷的方式工作，冷量和热量传递到室内只需一次热交换，而传统风冷热泵冷热水机组或水冷冷水机组能量的传递方式为两次热交换，在传递同样冷量或热量时能量的不必要损耗大很多。

本工程空调系统经济效益分析如下：

改造前暖通空调总用电量：1 252 992.0 kW·h/年。

改造前暖通供暖总用气量:93 025.0 m^3/年。

能源费用(电费):0.88 元/(kW·h)。

能源费用(气费):3.30 元/m^3。

改造前空调运行总费用:110.3 万元。

改造前供暖运行总费用:30.7 万元。

改造前暖通空调总费用:141.0 万元。

改造后暖通空调总用电量:1 048 339.8 kW·h/年。

改造后暖通空调运行总费用:92.3 万元。

改造后暖通空调年节省费用:48.8 万元。

暖通空调系统回收期:5.01 年。

3.4 本章小结

在建筑物的能耗组成中,供暖空调能耗占比很高,是建筑能耗的主要部分。根据寒冷地区既有建筑的用能特点,分析了供暖与空调系统的主要低碳化改造技术,并结合工程实例,对改造前后的经济效益进行了详细的分析。结果显示,暖通空调系统低碳化改造具有显著的节能减排效果。

4　太阳能利用技术

4.1　太阳能资源

太阳能作为一种可再生的能源，清洁无污染、成本低、利用方式多样，开始被广泛应用。大力推广使用太阳能资源，对于达成我国碳达峰与碳中和的“双碳”目标，具有重要的意义。

我国是太阳能资源十分丰富的国家，2/3 的国土面积年日照在 2 200 h 以上，年辐射总量大约在每年 3 340～8 360 MJ/m^2[24]。我国的太阳能资源分布的特点是：太阳能的高值中心和低值中心都处于北纬 22°～35°一带，青藏高原是高值中心，四川盆地是低值中心；太阳年辐射总量西部地区高于东部地区，除西藏和新疆两个自治区外，基本上是南部低于北部；由于南方多数地区云多雨多，在北纬 30°～40°地区，太阳能的分布情况与一般的太阳能随纬度而变化的规律相反，太阳能不是随着纬度的增加而减少，而是随着纬度的升高而增长[25]。我国寒冷地区太阳能资源比较丰富，寒冷地区均分布于太阳能资源资源丰富区、较丰富区和中等区，太阳年辐射量均大于 5 000 MJ/m^2，这有利于太阳能各项技术的应用。

太阳能的利用形式多样，主要包括太阳能热水、太阳能供暖、太阳能光伏发电和照明等多种形式。根据调研，寒冷地区很多年代较久的既有建筑中，并未设置太阳能系统。如一些住宅、学生公寓等很多老式建筑利用电热水器，耗电量非常大，能源浪费较大。近年来，随着节能工作的陆续开展，一些建筑开始设置太阳能照明、太阳能热水及太阳能光伏发电等系统。

我国当前安装使用的太阳能热水系统多为户用分散式太阳能热水系统，安装和使用都比较粗放，缺少精细化管理，太阳能集热效率低、热水保证率低[26-27]。因此，为了科学准确地评价寒冷地区太阳能资源以及太阳能热水系统的集热效率，更好地在该地区推广太阳能热水系统应用，课题组在徐州地区开发建设了一套太阳能热水系统建筑应用测评试验系统，通过测试真空管式太阳能热水系统的运行参数，计算分析系统的集热效率等能效指标，为太阳能热水系统的工程应用提供理论和技术支撑[28]。

4.1.1 太阳能建筑应用效率测试试验系统

4.1.1.1 硬件系统

为了研究徐州地区太阳能热水系统的热利用效率，课题组开发建设了一套真空管式的太阳能热水系统。该测控系统主要针对绿色建筑、节能建筑中太阳能热水系统的能效测试。

太阳能热水效率测试系统设计图、太阳能光伏发电效率测试系统设计图、太阳能建筑应用效率测试系统实景图如图 4-1～图 4-3 所示。

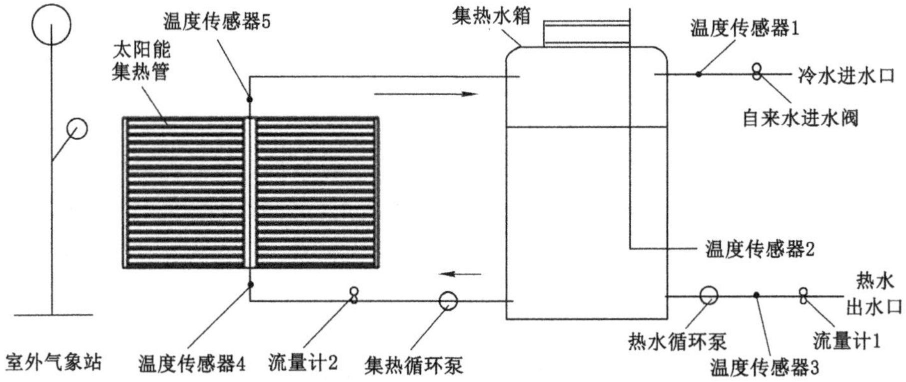

图 4-1 太阳能热水效率测试系统设计图

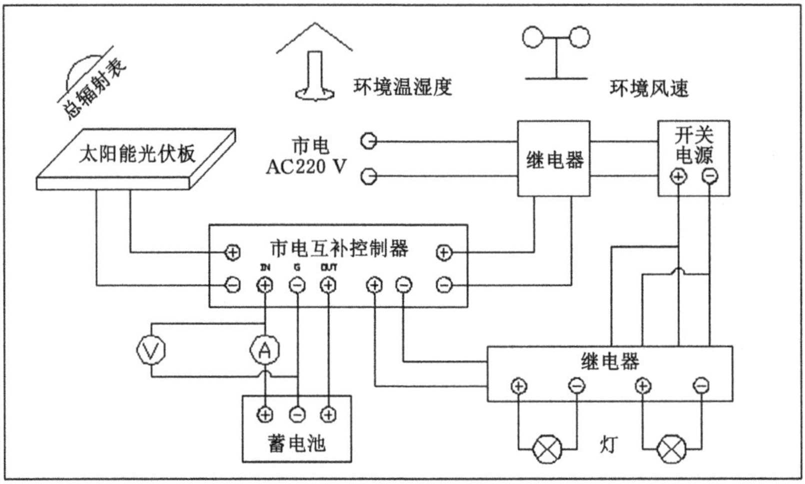

图 4-2 太阳能光伏发电效率测试系统设计图

图 4-3 太阳能建筑应用效率测试系统实景图

实验硬件系统装置为三部分，第一部分是气象参数测试系统，第二部分是太阳能集热系统，第三部分是太阳能光伏发电系统。

(1) 气象参数测试系统

气象参数测试系统采用全自动室外气象站，主要对室外环境的风速、空气的温湿度和太阳辐射强度三个参数进行测量。

(2) 太阳能集热器系统

太阳能集热器系统主要包括真空管集热器、集热水箱、集热循环泵、热水循环泵、电加热盘管、温度传感器、流量计等设备；集热器支架倾角为 30°，集热管水平布置，倾角为 0。系统通过测试集热器进出口水温、冷水温度、水箱水温、热水出口温度等参数，进行效率计算。

(3) 太阳能光伏发电系统

太阳能光伏发电系统主要包括太阳能光伏阵列、储能器件、充电控制器以及负载等。

4.1.1.2 数据采集与分析系统

数据采集系统采用了建筑物理及可再生能源检测数据采集系统，主机接入光热测试模块，软件可实现数据自动采集并保存数据，动态显示进出口温度、流量、辐射、风速等参数；自动计算日有用得热量、太阳能保证率、太阳能集热效率、储热水箱的热损系数等；数据采集间隔时间为 10 s。

数据采集部分及各类传感器如图 4-4～图 4-14 所示。

(1) 设备及处理采集

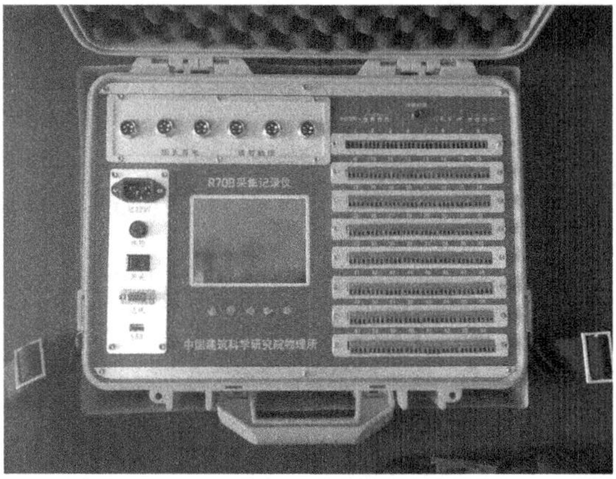

图 4-4　数据采集记录仪

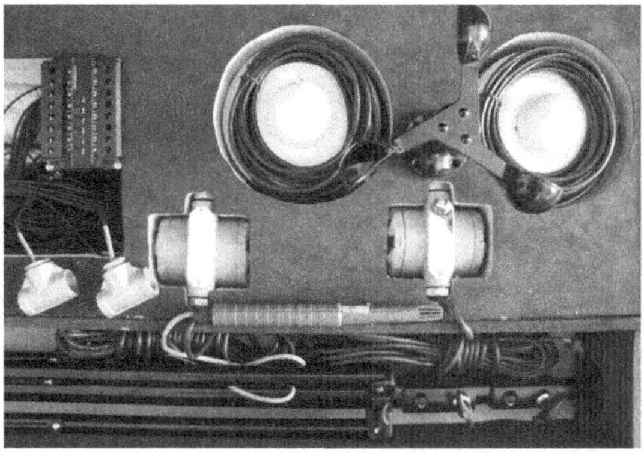

图 4-5 各类传感器

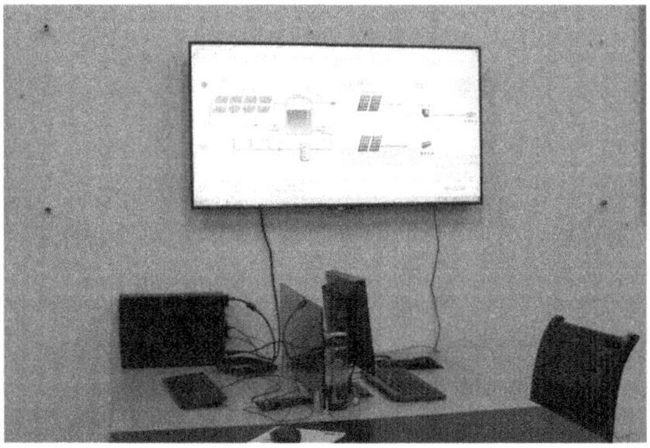

图 4-6　数据处理部分

(2)软件界面

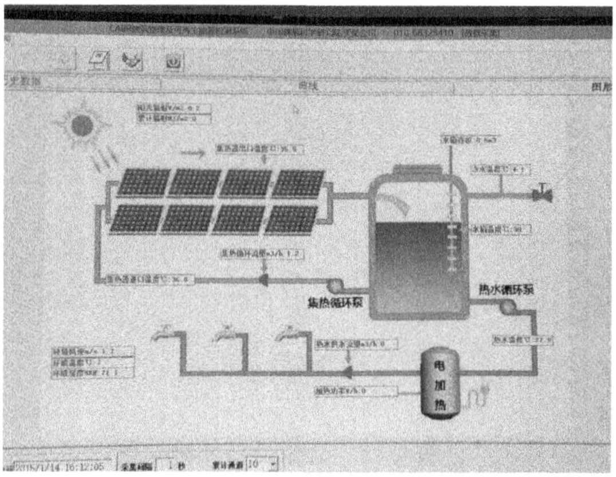

图 4-7 太阳能热水效率测试界面

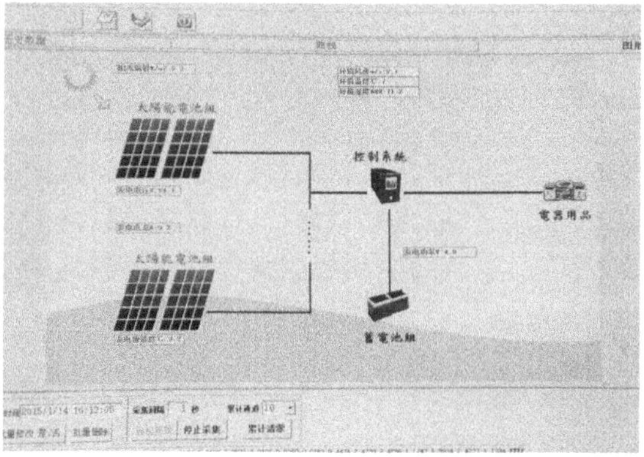

图 4-8 太阳能发电效率测试界面

(3) 通讯连接

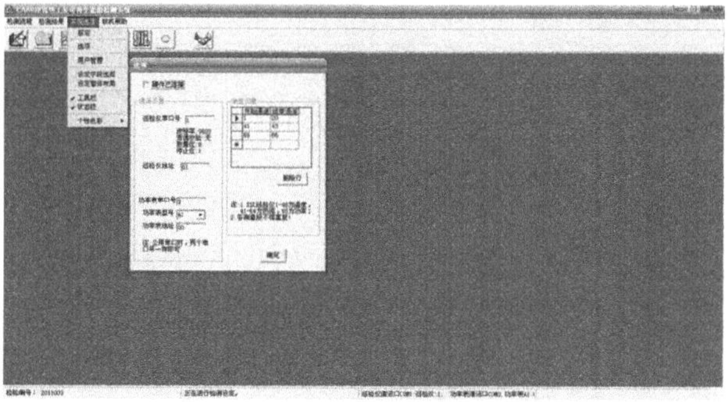

图 4-9 通讯连接界面

(4) 检测设定

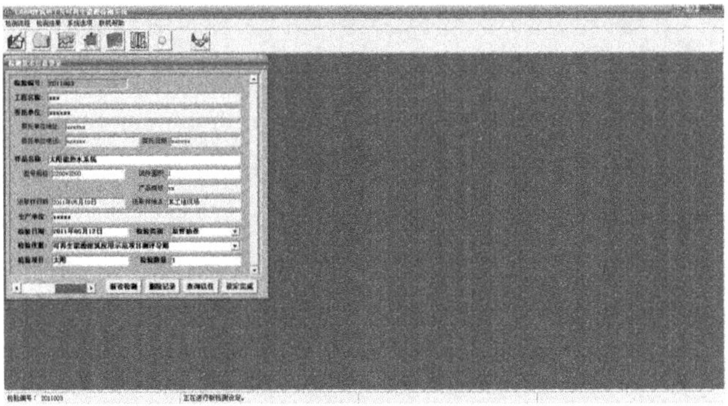

图 4-10　检测设定界面

(5)导入数据

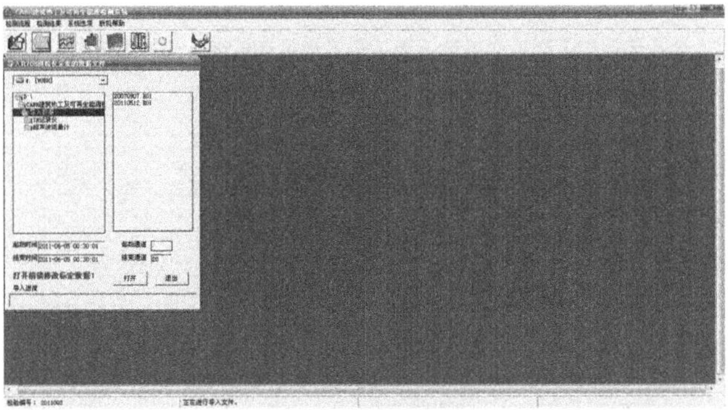

图 4-11　数据导入界面

(6) 原始数据监测

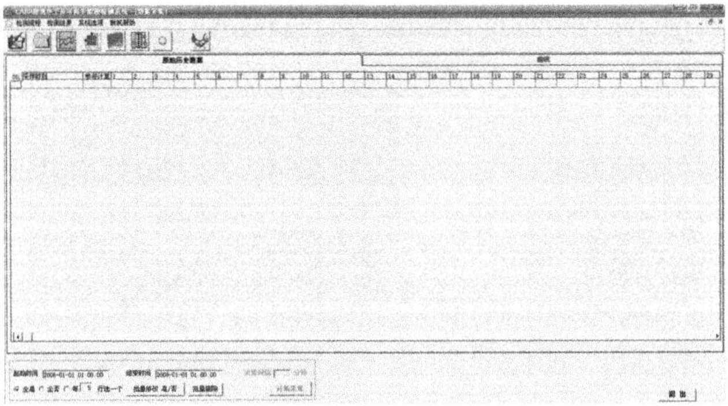

图 4-12　历史数据界面

(7) 历史曲线监测

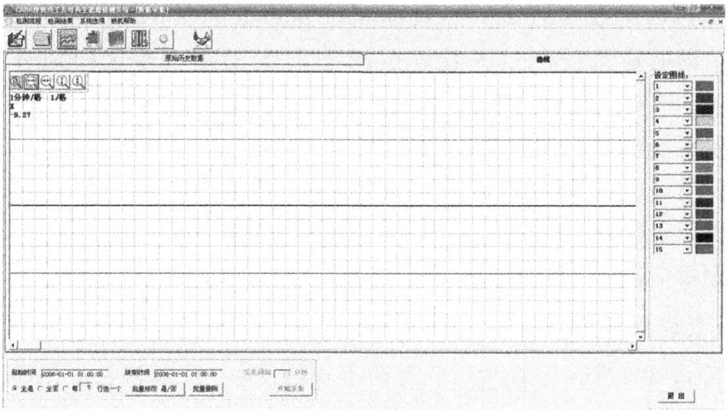

图 4-13　历史曲线界面

(8) 数据处理

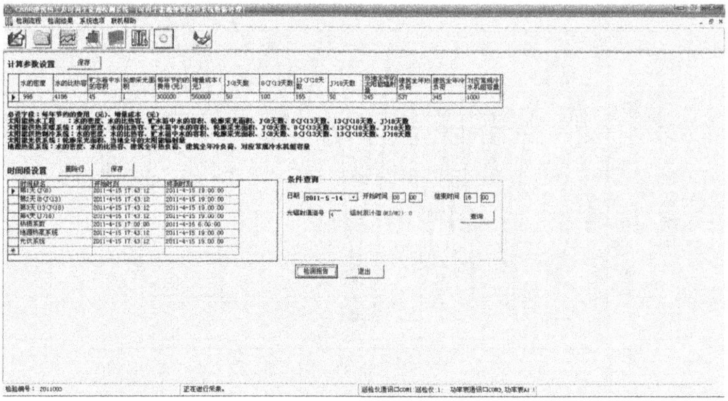

图 4-14　数据处理界面

在"计算参数设置"栏里,输入计算需要的固定参数。

在条件查询窗口,选取实验日期和辐射累计通道 9,查询当天的辐射量累计值。根据累计值所在的区间,将"数据采样"窗口内的"采样时刻"日期复制到下图左侧时间设置窗口。同时在计算参数设置栏里填写该辐射量的天数。

点击"检测报告"选取报告模板,依此生成报告。

4.1.2　太阳能热水系统集热效率试验

根据《可再生能源建筑应用工程评价标准》(GB/T 50801)要求,太阳能热利用利用效率,需要测试太阳能热水系统的相关性能参数,包括:太阳辐射、进出口温度，水箱水的温度，水箱出水温度以及环境温度等温度参数。

太阳能热利用效率测试分为长期测试和短期测试，短期测试时间不少于 4 d，每一个辐射量区间测试天数不少于 1 d，太阳辐射量区间划分符合以下要求：

(1) 太阳辐射量 $H<8$ MJ/(m^2 · d)。

(2) 太阳辐射量 8 MJ/(m^2 · d)$<H\leqslant$12 MJ/(m^2 · d)。

(3) 太阳辐射量 12 MJ/(m^2 · d)$<H\leqslant$16 MJ/(m^2 · d)。

(4) 太阳辐射量 $H>16$ MJ/(m^2 · d)。

4.1.2.1 测试数据

本试验自 2017 年全年进行了为期 1 年的测试，选取符合太阳辐射量区间的 4 d 进行数据分析，测试日辐射量曲线见图 4-15，详细辐射数据见测试报告。

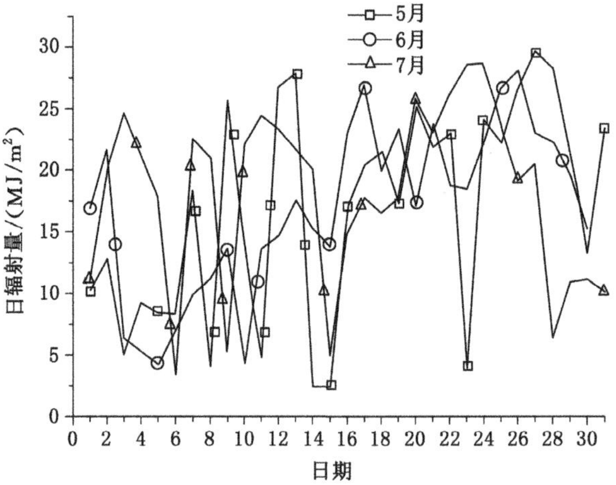

图 4-15　5—7 月份太阳日辐射量变化曲线

根据测试结果可知，本研究选取 5—7 月份进行分析。

5 月份天气多为晴朗天气，晴天天数为 14 d，多云天气天数为 11 d，阴或雨天数为 6 d，月总辐射量为 520.66 MJ/m^2。

6 月份多云天气较多，晴天天数仅 3 d。多云天气天数多达 19 d，阴或雨天数为 8 d，月总辐射量为 504.44 MJ/m^2。

7 月份是多雨月份，阴或雨天数多达 18 d，晴天天数仅 4 d，多云天气天数达 9 d，月总辐射量为 564.55 MJ/m^2。

本研究选择 5 月份的 4 d 进行计算。

4.1.2.2 数据分析

根据《可再生能源建筑应用工程评价标准》(GB/T 50801)要求，选取符合太阳辐射量区间划分要求的 4 天进行集热系统效率计算。

5 月 12 日为第 1 天($H=7.7\ \mathrm{MJ/m^2}$)，5 月 13 日为第 2 天($H=11.3\ \mathrm{MJ/m^2}$)，5 月 16 日为第 3 天($H=15.3\ \mathrm{MJ/m^2}$)，5 月 17 日为第 4 天($H=18.3\ \mathrm{MJ/m^2}$)。

(1) 集热系统得热量计算

太阳能热水系统的集热系统得热量为 Q_j，按照式(4-1)进行计算：

$$Q_j=\sum_{i=1}^{n}m_{ji}\rho_w c_{pw}(t_{dji}-t_{bji})\Delta T_{ji}\times 10^{-6} \tag{4-1}$$

式中 Q_j——太阳能集热系统的热量，MJ；

n——总记录数；

m_{ji}——第 i 次记录的集热系统平均流量，$\mathrm{m^3/s}$；

ρ_w——集热工质的密度，$\mathrm{kg/m^3}$；

c_{pw}——集热工质的比热容，J/(kg·℃)；

t_{dji}——第 i 次记录的集热系统的出口温度，℃；

t_{bji}——第 i 次记录的集热系统的进口温度，℃。

ΔT_{ji}——第 i 次记录的时间间隔，s，本试验设置为 10 s。

将测试的热水温度代入式 4-1，计算 4 天内太阳能热水系统的集热系统得热量为 Q_j，结果见表 4-1。

表 4-1 太阳能集热系统得热量

日期	第 1 天 5 月 12 日	第 2 天 5 月 13 日	第 3 天 5 月 16 日	第 4 天 5 月 17 日
Q_j	27.05 MJ	48.94 MJ	70.82 MJ	65.41 MJ

(2) 集热系统效率计算

将计算得到的得热量Q_j 代入式(4-2)，可计算得到太阳能热水系统的集热系统效率 η：

$$\eta=\frac{Q_j}{(A\times H)}\times 100\% \tag{4-2}$$

式中 η——太阳能热利用系统的集热系统效率，%；

Q_j——太阳能热利用的集热系统得热量，MJ；

A——集热系统的集热器总面积，$\mathrm{m^2}$，本试验系统 $A=8\ \mathrm{m^2}$；

H——太阳总辐射量，MJ/m^2。

太阳能热水系统的集热系统效率 η，计算结果见表 4-2。

表 4-2　太阳能热利用系统集热效率

日期	第 1 天 5 月 12 日	第 2 天 5 月 13 日	第 3 天 5 月 16 日	第 4 天 5 月 17 日
η	43.91%	54.14%	57.86%	44.68%

(3) 集热系统效率评价

根据《可再生能源建筑应用工程评价标准》(GB/T 50801)规定，太阳能热利用系统的集热系统效率成分为 3 级，1 级最高，太阳能集热系统效率的级别应按表 4-3 划分。

表 4-3　太阳能热利用系统的集热效率 η 级别划分　　单位：%

级别	太阳能热水系统	太阳能供暖系统	太阳能空调系统
1 级	$\eta \geqslant 65$	$\eta \geqslant 60$	$\eta \geqslant 55$
2 级	$65 > \eta \geqslant 50$	$60 > \eta \geqslant 45$	$55 > \eta \geqslant 40$
3 级	$50 > \eta \geqslant 42$	$45 > \eta \geqslant 35$	$40 > \eta \geqslant 30$

根据测试结果表明，本试验中太阳能热水系统在徐州地区的集热效率级别为 3 级，试验系统太阳能集热效率一般。

4.2　太阳能热水技术

4.2.1　太阳能集热器分类及原理

太阳能集热器是一种吸收太阳辐射并将产生的热能传递到传热介质的装置。对于太阳能热水系统来说，集热器起着至关重要的作用。集热器的性能是衡量太阳能热水系统好坏的一个重要标志。

根据结构和工作原理，常用的太阳能集热器可以分为平板式热水器(板管式)和真空管热水器两种[29]。

(1) 平板式集热器(板管式)

平板式集热器主要由吸热板、透明盖板、隔热层和外壳等几部分组成，如图 4-16 所示。

图 4-16 平板式太阳能集热器

吸热板是平板式集热器的核心部件,负责吸收太阳辐射并将其转化为热能。吸热板通常采用金属材质(如铜、铝合金等),并涂有高吸收率的太阳能吸收涂层,以最大限度地吸收太阳辐射能。

透明盖板覆盖在吸热板上,主要功能是透过太阳辐射,使其投射在吸热板上,同时保护吸热板不受灰尘、雨雪等侵蚀。透明盖板通常采用平板玻璃或玻璃钢板等透明材料制成。

隔热层位于吸热板与外壳之间,用于抑制吸热板向周围环境散热。隔热层通常采用岩棉、玻璃棉、聚氨酯等高效保温材料制成。

外壳是集热器中保护及固定吸热板、透明盖板和隔热层的部件。外壳通常采用铝合金、不锈钢板等材质制成,要求具有一定的强度和刚度,以及较好的密封性和耐腐蚀性。

平板式集热器结构简单,制作方便,易与建筑结合;吸热板面积大,能够吸收更多的太阳辐射能;具有较高的承压性能,适用于各种压力条件下的热水系统;使用寿命长,维护成本低。

(2) 真空管集热器

真空管集热器是一种在平板型集热器基础上发展起来的新型太阳能集热装置,如图 4-17 所示。真空管集热器主要由内部的吸热体和外层的玻璃管所组成,其吸热体与玻璃管之间的夹层保持高真空度。当太阳辐射穿过真空管玻璃外壳后,投射在吸热体上,吸热体将太阳辐射能转化为热能,加热吸热体内的传热流体。同时,由于真空夹层的存在,可以有效地抑制真空管内空气的热损失,从而提高集热效率。

真空管集热器分为全玻璃真空管集热器与热管真空管集热器两种。全玻

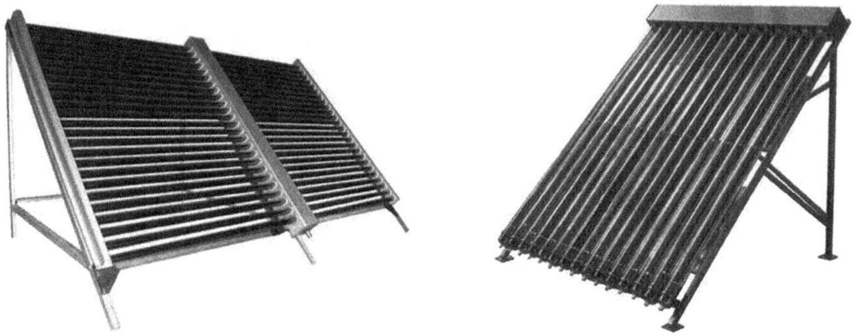

(a) 全玻璃真空管集热器　　(b) 热管真空管集热器

图 4-17　真空管式太阳能热水系统

璃真空管集热器主要由真空管、吸热体和管道等部件组成，结构简单、制造方便、集热效率高、保温性能好，广泛应用于太阳能热水器领域，但由于不能承压，在需要高压运行的场合受到限制。热管真空管集热器由热管、吸热体、玻璃管和金属端盖等主要部件组成，具有集热效率高、得热量大、输出温度高、承压运行好、结构强度高、抗冻性强等特点，安装维护方便，使用中无漏水隐患，易与建筑相结合，具备较长的使用寿命，但成本较高。

4.2.2　集热器面积计算及倾角确定

4.2.2.1　集热器面积的计算

(1) 直接系统集热器总面积[30]可根据式(4-3)计算：

$$A_C=\frac{Q_W C_W (t_{\text{end}}-t_i)f}{J_T \eta_{cd}(1-\eta_L)} \tag{4-3}$$

式中　A_C——直接系统集热器总面积，m^2；

Q_W——日均用水量，kg；

C_W——水的定压比热容，kJ/(kg・℃)，取 $C_W=4.18$ kJ/(kg・℃)；

t_{end}——贮水箱内水的终止温度，℃，取 $t_{\text{end}}=50$ ℃；

t_i——水的初始温度，℃；

J_T——当地集热器采光面上的年平均日太阳辐射量，kJ/m^2，取 $J_T=14\ 506\ kJ/m^2$；

f——太阳能保证率，无量纲，太阳能保证率取 50%；

η_{cd}——集热器年平均集热效率，无量纲，真空管集热器效率最高可达 50%；

η_L——管路及贮水箱热损失率，$\eta_L=0.2\%$。

(2) 间接系统集热器总面积可根据式(4-4)计算：

$$A_{IN}=A_C\left(1+\frac{F_{RUL}A_C}{U_{hw}A_{hw}}\right) \tag{4-4}$$

式中 A_{IN}——间接系统集热器面积，m^2；

F_{RUL}——集热器总热损系数，$W/(m^2\cdot ℃)$，对于平板型集热器，宜取(4～6) $W/(m^2\cdot ℃)$，对于真空管集热器，宜取(1～2) $W/(m^2\cdot ℃)$；

U_{hw}——换热器传热系数，$W/(m^2\cdot ℃)$；

A_{hw}——换热器换热面积，m^2。

4.2.2.2 集热器倾角的确定

集热器倾角可根据式(4-5)计算：

$$\theta=\begin{cases}\varphi+8，全年使用\\ \varphi-8，春夏秋使用\end{cases} \tag{4-5}$$

式中 θ——集热器的倾角；

φ——当地纬度；

δ——修正角度，一般取 5°～10°。

4.2.3 太阳能热水器系统形式

太阳能热水器系统在形式上可以分为整体式热水系统和分体式热水系统两大类。

整体式热水系统是将太阳能集热器与建筑一体化设计，使其成为建筑的一部分。这种系统通常安装在建筑的屋顶或外墙上，利用建筑的结构来支撑集热器，并通过建筑的管道系统将热水输送到用户端。优点是结构紧凑，占地面积小，节省空间。集热器与建筑结合紧密，美观大方，不会破坏建筑的整体外观。系统集成度高，安装和维护相对方便，适用于住宅、公寓楼、别墅等小型建筑。

分体式热水系统则是将太阳能集热器与储水箱分开安装，通过管道将集热器吸收的热量传递给储水箱中的热水。这种系统可以根据建筑的实际情况和用户需求进行灵活布置。优点是集热器与储水箱分离，可以根据建筑的屋顶结构、朝向和光照条件进行最优化的布置。系统运行稳定，受天气和季节变化的影响较小。储水箱可以安装在建筑的室内或室外，方便用户根据需要调整热水供应的量和时间，适用于各种类型的建筑，包括商业建筑、办公楼、学校、医院等。

4.2.4 太阳能热水系统

4.2.4.1 系统形式

太阳能热水供应系统是指将太阳能集热器集热产生的热水安全可靠地供

给用户的系统。根据设备的集中程度，可以分为集中供热水系统、集中-分散供热水系统和分散供热水系统三种。

(1) 集中供热水系统

太阳能集中供热水系统主要由太阳能集热器、储热水箱、热水供应管网、控制系统以及其他辅助设备(如循环泵、电磁阀、温度传感器等)组成[31]。太阳能集热器吸收太阳辐射并将其转化为热能，加热集热器内的水，通过循环泵将热水被输送到储热水箱中，将热量传递给水箱中的水。当用户需要热水时，热水通过热水供应管网输送到用户端。这种系统稳定可靠、经济实用，广泛应用于各种需要热水供应的场所，如住宅小区、学校、医院、宾馆、游泳池等。

(2) 集中-分散供热水系统

太阳能集中-分散供热水系统是一种结合了集中供热水系统和分散供热水系统优点的热水供应方案。主要由太阳能集热器、集中热水储水箱、分散式热水供应单元(小型储水箱或即热装置)、热水供应管网、控制系统以及其他辅助设备(如循环泵、电磁阀、温度传感器等)组成。该系统集热器与储热水箱分离安装，每户拥有独立的储热水箱，适合住宅、学校等需要热水供应的场所。

(3) 分散供热水系统

分散供热水系统是采用分散的太阳能集热器和分散的储水箱供给各个用户所需热水的小型系统。每户独立安装太阳能热水器，集热器与储热水箱可整体或分离安装。太阳能分散供热水系统广泛应用于各种需要热水供应的单个用户或小型建筑群，如住宅、别墅等。

4.2.4.2 辅助加热方式

由于太阳能具有间断性，且受环境影响较大，因此，为了满足建筑全天候的热水供应，宜设置太阳能辅助加热系统。太阳能热水系统的辅助加热方式主要有电辅助加热、燃油或燃气锅炉辅助加热、热泵辅助加热等加热方式。各种加热方式各有优缺点。在选择辅助加热方式时，需要根据实际情况综合考虑各种因素，包括经济性、环保性、安全性、能效比以及热水需求等，选择合理的辅助加热方式。目前较常用的辅助加热方式是热泵辅助加热和电加热。

4.2.5 应用案例分析

4.2.5.1 工程概况

以徐州市某既有办公建筑为例，分析太阳能热水系统在寒冷地区低碳化改造中的应用。本工程为徐州市某工业园区，园内包含了快捷宾馆、人才公寓、餐饮中心等建筑功能。

根据各建筑功能，结合徐州地区太阳能资源情况，设计了如下的太阳能应用方案：根据快捷宾馆、人才公寓等区域太阳能热水的供应需求情况，设置太阳能热水系统，以电加热作为辅助热源；根据屋面可用面积以及热水用量，在快捷宾馆、人才公寓各安装 6 台智联机，总集热面积为 52.8 m^2，集热器倾斜面日平均辐射量大于 15 770 kJ/m^2，太阳能保证率为 69%。经计算，该太阳能热水系统方案能满足每天将 3.6 t 水从基础水温 15 ℃升高到 45 ℃的需求，阴雨天气以及冬季太阳辐射不好时采用空气源热泵辅助热源。

4.2.5.2 效益分析

根据该项目太阳能方案预算，该工程太阳能热水系统需投资 18.98 万元。

本工程太阳能集中热水系统，总集热面积为 52.8 m^2。在集热器倾斜面年辐射量大于 5 755 MJ/m^2，太阳能保证率为 69%的条件下，每天满足将 3.6 t 水从基础水温 15 ℃升高到 45 ℃。

本工程太阳能热水系统节能及经济性分析见表 4-4。为便于分析，选用电热水器作为比较对象。

表 4-4 太阳能热水系统节能及经济性分析

热水装置类别项目	太阳能热水系统
日产热水量/(t/℃)	3.6/45
增加装置投资/万元	14.48
每年节约耗电量/(kW·h)	33411
电价/[元/(kW·h)]	0.862
每年节约运行电费/万元	2.88

由表 4-4 得出，太阳能集热系统相比电热水器，初投资多 14.48 万元，每年节约耗电量 33 411 kW·h，节约电费 2.88 万元。本系统静态投资回收年限 5.03 年。

4.3 太阳能-空气源热泵耦合供暖技术

由于太阳辐射受地区、天气、昼夜等自然条件的限制，存在间歇性和不稳定性，不能连续稳定地为供暖系统提供热量，因此对于太阳能供暖系统来说，需要增加辅助热源来补充太阳能的不足。在实际应用中，辅助热源的选择应根据当地的气候条件、能源供应状况、建筑物热负荷和周围环境条件等因素进行综合考虑。

空气源热泵系统是一种利用空气中的热能进行供暖、制冷或供应热水的节能、环保技术。它通过自然能(空气蓄热)获取能源,利用热泵技术将空气中的热能转化为可供使用的热能,从而实现供暖和制冷的目的。空气源热泵作为太阳能供暖系统的辅助热源,具有高效、环保、应用范围广、稳定性好等优点,得到了越来越多的关注。

4.3.1 空气源热泵系统

空气源热泵热水机组主要由蒸发器、冷凝器、压缩机、膨胀阀四大主要部件构成,其内充注有适量的工质。液态工质在蒸发器内吸收空气中的热量而蒸发形成蒸汽(汽化),汽化潜热即为所回收热量。而后,工质蒸汽经压缩机压缩成高温高压气体,进入冷凝器内冷凝成液态(液化),把吸收的热量传给需要的加热的水中。液态工质经膨胀阀降压膨胀后重新回到蒸发器内,吸收热量蒸发而完成一个循环,如此往复,不断从低温源吸收热量并输出到加热的水中,直接达到预定温度,原理如图 4-18 所示。根据能量平衡原理,加热水中所获得的能量等于从空气中吸收的低品位空气能与输入的高品位电能之和,由于输入的电能只占一小部分,所以该系统具有突出的节能效果[32]。

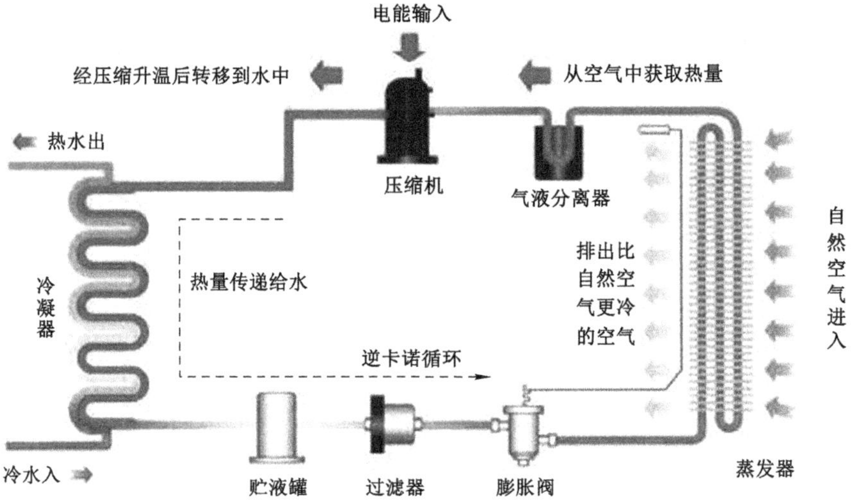

图 4-18 空气源热泵热水机组工作原理

4.3.2 空气源热泵辅助太阳能热水系统的组成

太阳能辅助空气源热泵热水系统核心组成部分包括太阳能热水单元、空气源热泵热水单元、水箱以及一系列辅助附件。

太阳能热水单元中，太阳能集热器负责吸收并利用太阳辐射产生的热能；太阳能系统循环水泵驱动热水在集热器与贮热水箱之间循环流动；贮热水箱则用于储存由太阳能集热器加热后的热水。

空气源热泵热水单元则主要由压缩机、冷凝器、蒸发器以及节流阀组成。其中压缩机是热泵系统的“心脏”，负责提升工质的温度和压力；冷凝器是热量交换的关键部件，将压缩机输出的高温高压工质中的热量传递给热水；蒸发器利用环境空气中的热能来蒸发工质，从而实现热量的吸收；节流阀对工质进行节流降压，使其能够在蒸发器中顺利蒸发；空气源热泵系统循环水泵驱动工质在热泵系统中循环流动；供热水箱，用于储存由太阳能热水单元、空气源热泵热水单元产生的热水，并保证供热水的稳定性[33-34]。

为了最大化太阳能的利用效率，热泵机组采用定时与温度控制相结合的智能运行模式。当系统根据预设时间检测到水箱内的水温低于设定的理想温度时，热泵机组便会自动启动，迅速提升水温直至达到设定值。一旦水温达标，机组便会自动停止工作，进入待机状态，等待下一次的启动指令。太阳能辅助空气源热泵热水系统结构示意图如图 4-19 所示。

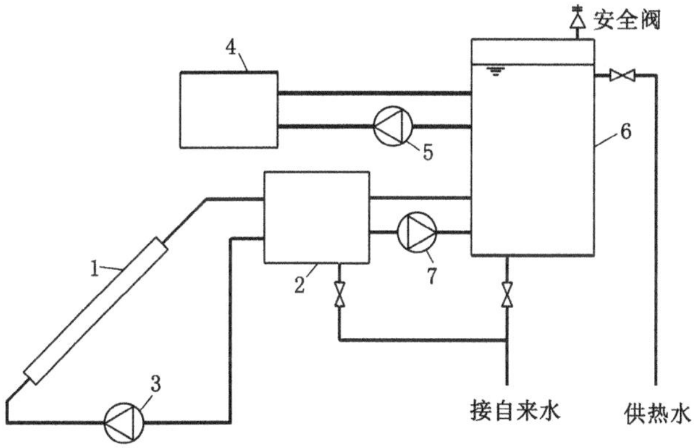

1—太阳能集热器；2—贮热水箱；3—太阳能集热系统循环水泵；
4—空气源热泵；5—空气源热泵热水循环水泵；6—供热水箱；7—太阳能热水循环水泵。

图 4-19 太阳能辅助空气源热泵热水系统结构示意图

4.3.3 应用案例分析

4.3.3.1 工程概况

以徐州市某高校学生宿舍楼为例，该建筑地上四层，层高 3.6 m，建筑总高度 14.4 m。建筑平面图如图 4-20 所示，其他概况参数如下：

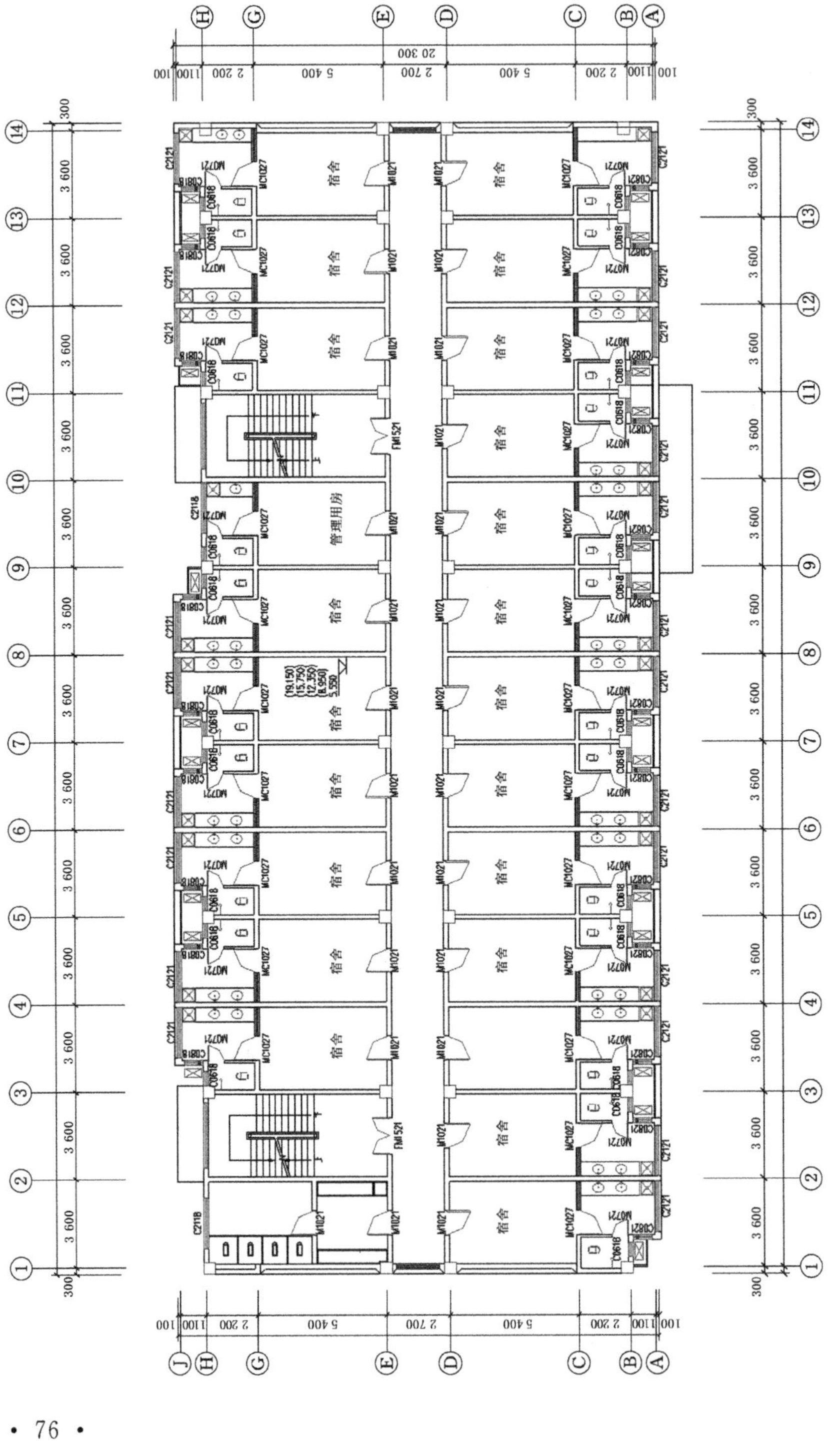
20 300
100
1100
2 200
5 400
2 700
3 600
300
宿舍
管理用房
MC1027
M1021
M0721
C0618
C0821
C0818
C2121
C2118
FM1521
19.150
15.750
12.350
8.950
5.550

图4-20　宿舍楼平面图

建筑朝向:南。

建筑结构类型:砖混结构。

体形系数:0.21。

节能计算建筑面积:3 849 m^2,建筑体积:13 856 m^3。

4.3.3.2 供暖热负荷计算

1. 计算参数

(1) 围护结构基本参数

学生宿舍楼围护结构构造和参数详见表 4-5。

表 4-5 学生宿舍楼围护结构构造和参数

围护结构名称	围护结构材料	传热系数 K /[W/(m^2·K)]
屋面	钢筋混凝土+XPS 保温	0.45
内墙	水泥砂浆 20 mm+黏土砖砌体 240 mm+抹灰砂浆层 20 mm	2.02
外窗	普通中空玻璃(6+12+6)mm	2.90
外墙	黏土砖砌体 240 mm+聚氨酯外保温	0.56

(2) 室内热环境计算参数

依据《公共建筑节能设计标准》(GB 50189)的规定,宿舍楼室内热环境计算参数主要包含:

冬季室内温度:18 ℃,夏季室内温度:26 ℃。

冬季供暖计算换气次数:0.5 次/h。

室内照明:4.5 W/m^2。

室内设备及人员的散热量:30 W/m^2。

楼梯间以及卫生间均不设空调与供暖。

(3) 模拟参数设置

基于建筑实际状况及用能模式,采用清华大学研发的公共建筑热环境模拟工具包(简称 DeST-C)能耗模拟软件对建筑低碳化改造前后的不同状况进行能耗模拟具体流程如下:

① 计算选择地点:徐州。

② 气象参数选取:徐州市典型气象年数据是采用 Medpha 软件生成的全年逐时气象数据。

③ 空调、供暖房间室内温度设置:冬季 18 ℃、夏季 26 ℃。

④ 室内热扰动:主要包含人员热扰动、灯光热扰动和设备热扰动三个方面。

⑤ 供暖、空调时其换气次数按 0.5 次/h 计算。

⑥ 采用间歇空调模式进行能耗模拟计算，按照实际用能模式，空调、供暖日运行时间与室内人员同步。

⑦ 设定供暖期为 12 月 1 日至次年 2 月 28 日，空调日期为 6 月 15 日至 9 月 15 日。

⑧ 寒暑假设定为：寒假 1 月 15 日至 2 月 28 日；暑假 7 月 1 日至 8 月 31 日。

2. DEST 供暖负荷模拟

(1) DeST 建筑模型

根据前述建筑信息及参数，对所选典型建筑利用 DeST 进行建模，模型如图 4-21 和图 4-22 所示。

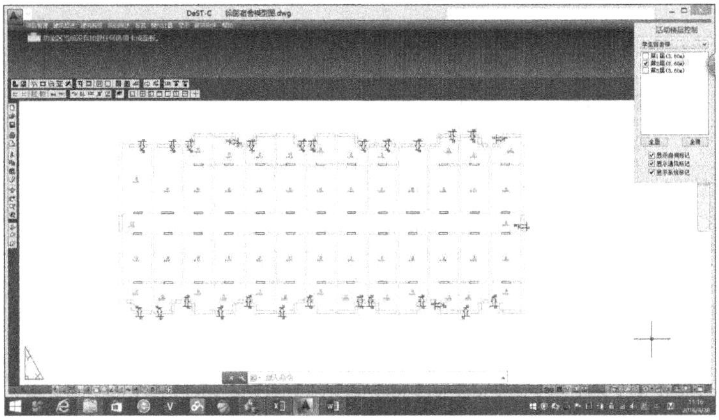

图 4-21 宿舍楼标准层模型平面图

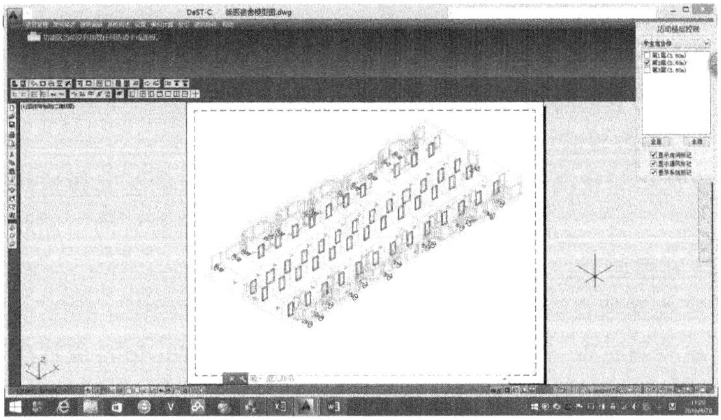

图 4-22 宿舍楼标准层模型立面图

(2) 模拟结果及分析

通过 DeST 能耗模拟软件进行模拟，得到本宿舍楼冬季供暖热负荷为 253 kW，供暖热指标为 65.7 W/m^2，年累计热负荷为 23 810 kW·h。

按照地暖设计供回水温度为 50 ℃/40 ℃，则可得本供暖系统的年热水用量为 2 047 t，日均用热水量为 45 t。

4.3.3.3 供暖系统方案确定

(1) 太阳能地暖方案

本工程屋面为不上人平屋面，有利于太阳能集热器的布置。将太阳能集热器布置于屋面，鉴于供热稳定性的考虑，采用双水箱系统。太阳能生产的热水先输送至太阳能贮热水箱，再至供暖供热水箱；在供暖供热水箱设置空气源热泵辅助加热，以满足太阳能热水水温不满足要求时加热热水的需求。地暖供回水温度设计为 50 ℃/40 ℃，供水管道由供暖供热水箱接至室内地暖系统，回水经供暖循环泵回至热水储水箱。系统示意图详见图 4-23，图中辅助热源为空气源热泵。

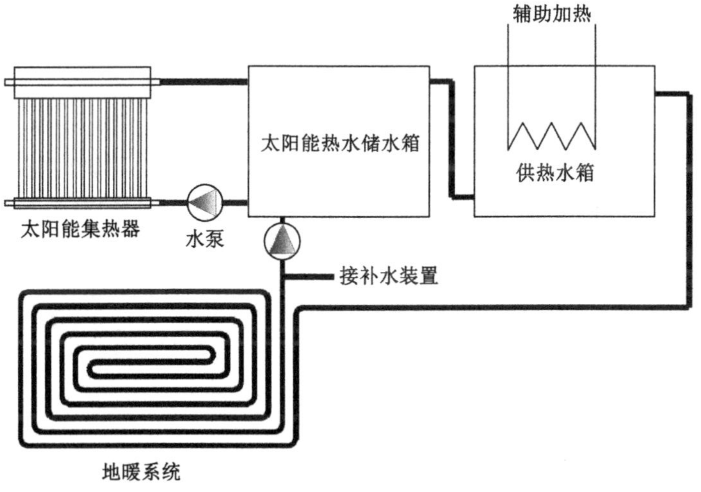

图 4-23 太阳能-空气源热泵地暖系统示意图

(2) 集热面积计算

本研究采用直接系统，根据式(4-3)计算集热器总面积。

计算结果详见表 4-6。

表 4-6 太阳能集热面积计算表

日均用水量/kg	贮水箱内设计温度/℃	水的定压比热容/[kJ/(kg·℃)]	水的初始温度/℃	日均太阳辐射量/(kJ/m²)
45 000	50	4.187	40	13 769
太阳能保证率/%	集热器的年平均集热效率/%	贮水箱和管路的热损失率/%	太阳能直接集热面积/m²	
50	50	20	171	

4.3.3.4 供暖系统性能及节能分析

以徐州地区气候特点为背景，采用徐州气象数据，运用 TRANSYS(Transient System SimulationProgram)软件，即瞬时系统模拟程序，模拟得出太阳能一空气源热泵耦合热水供暖系统的运行方案、集热量和运行能耗，并依据供热性能指标分析太阳能-空气源热泵耦合热水供暖系统运行性能。

1. 太阳能-空气源热泵耦合热水供暖系统模型

选择 TRANSYS，对系统进行模拟分析。TRANSYS 软件最大的特点就是在于其模块化的分析方式，对特定模块给定输入条件，便能对某种特定热传输现象进行模拟，最后通过多个模块的汇总实现对整个系统的瞬时模拟分析[35]。太阳能热泵热水系统的总模块是由若干个模块通过传递的信息流连接起来，实现信息传递，主要包括气象数据模块、建筑模型、太阳能集热器、蓄热水箱、空气源热泵等模块构成[36]。太阳能-空气源热泵耦合热水供暖系统总模型如图 4-24 所示。模型建立完毕后，将太阳能集热器、热泵单元的参数及系统运行时间进行输入。

2. 性能分析

通过 TRANSYS 软件对构建的系统模型进行模拟，得出了太阳能-空气源热泵耦合热水供暖系统的供暖期内集热量及耗热量，并通过太阳能保证率 f、系统的供热性能系数(COP)等指标来衡量太阳能-空气源热泵耦合热水供暖系统的性能。

(1) 系统供暖期集热量、耗能量

通过软件模拟得得到的数据，可以统计出本系统在供暖期内集热器供热量、空气源热泵供热量、空气源热泵耗能量。具体数据见表 4-7。

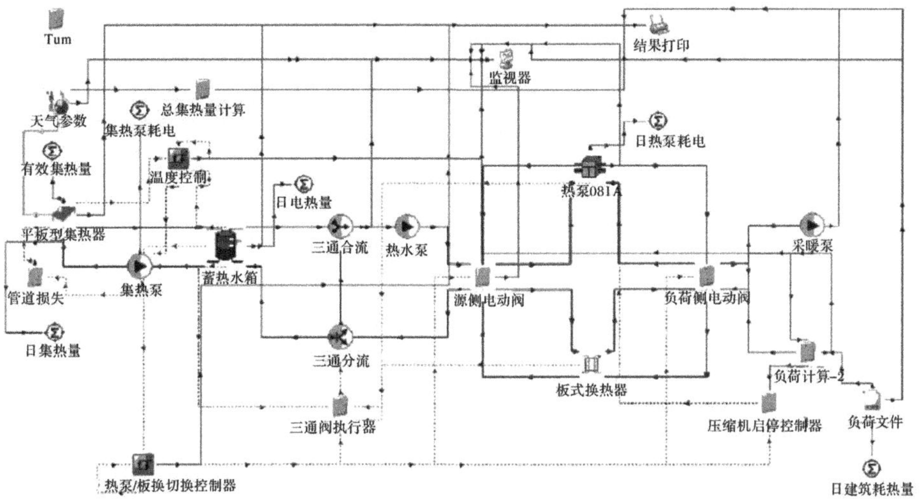

图 4-24　太阳能-空气源热泵耦合热水供暖系统总模型

表 4-7　供暖期内集热器、热泵供热量及热泵耗热量统计

月份	集热器供热量 $/\times 10^6$ kJ	热泵供热量 $/\times 10^7$ kJ	热泵耗热量 $/\times 10^6$ kJ	系统 COP
12 月	7.60	2.05	6.60	4.30
1 月	7.20	2.45	9.70	3.30
2 月	8.30	1.90	7.60	3.60
合计	23.10	6.40	23.90	11.20

从模拟结果可以看出：

1 月天气最为恶劣，太阳能集热器收集到的热量最少，此时热泵供热占比提高，而且由于室外空气温度较低，空气源热泵运行工况也较为不利，所以本月热泵的耗热量最大。由于 12 月至次年 1 月，天气情况好转，太阳辐射较强，一方面建筑物热负荷所有减小，更有利于太阳能集热器收集热量，空气源热泵供热量减小，所以 2 月份减小的量更多。由表还可以计算出太阳能-空气源热泵耦合热水供暖系统的供热 COP 值，其中 12 月最大，达到 4.30，1 月最小，为 3.30，2 月则为 3.60。系统在整个供暖期内，集热器总供热 23.1×10^6 kJ，热泵总供热 6.40×10^7 kJ，系统供热性能总系数为 11.20，系统的整体供热性能良好。

(2) 太阳能保证率

太阳能保证率即太阳能所提供的热量占整个热用户供热量的比例。在本书中对太阳能保证率进行计算时，太阳能提供的热量包括了热泵运行时所消耗的热量。供暖期内每日的太阳能保证率见表 4-8。从供暖期开始的 12 月，太阳能保证率为 27%，而随着太阳高度角的降低，1 月太阳能的保证率降为 23%，到 2 月时，天气状况明显好转，太阳能的保证率可以达到 30%。可见虽然设计时考虑的太阳能保证率是 20%，但实际系统的保证率在最低的月份也能够满足系统供热运行。

表 4-8　供暖期内每月太阳能保证率

月份	12 月	1 月	2 月
太阳能保证率/%	27	23	30

(3) 各模式运行时间

经统计，各模式每月运行时长见表 4-9，表中 M1 表示太阳能蓄热及供热模式，M2 表示太阳能供热，M3 表示太阳能蓄热及热泵供热。在 2 月，空气源热泵开启的时间为 369.5 h，占比 55%，这是因为 2 月份底太阳辐射能量充足，太阳能集热器出口温度高，部分时间内能够运行太阳能直接供热及蓄热模式，热泵开启时间较短。而 12 月份与 1 月份，热泵开启的时间达到 546.5 h、566.0 h，分别占比 73.45%、76.07%，主要是因为在这两个月份内，太阳辐射高度较低，太阳辐射强度变小，太阳能集热器出口温度满足供暖的时间较短，大部分时间需要开启空气源热泵进行辅助供热。

表 4-9　各模式运行时长　　单位:h

月份	M1	M2	M3
12 月	149.0	48.5	546.5
1 月	139.0	39.0	566.0
2 月	193.5	109.0	369.5

3. 节能性分析

根据太阳能-空气源热泵耦合热水供暖系统的供暖数据来看，该系统通过太阳能集热器收集的热量为 2.31×10^7 kJ，热泵供热量为 6.4×10^7 kJ，热泵的耗能量为 2.39×10^7 kJ。若以热利用率为 80%的燃气锅炉为热源时，锅炉需要耗能量为 10.89×10^7 kJ。

通过太阳能-空气源热泵耦合热水供暖系统进行供热时，满足建筑的供热需求，所需要消耗的能量仅为空气源热泵消耗的热量，本系统空气源热泵消耗的能量为 2.39×10^7 kJ。

通过计算，利用太阳能-空气源热泵耦合热水供暖系统相比燃气锅炉供暖系统可以节约能耗达 78.1%。

4.4 太阳能光伏发电技术

4.4.1 光伏发电系统类型

4.4.1.1 独立光伏发电系统

独立光伏发电系统是孤立的光伏发电系统。该系统是一个独立的小型发电网络，是一个单独的控制单元。系统由基本的系统设备组成，将转化的电能经负载后所剩余的电量存储于蓄电池中，当遇到电量不足时，则释放蓄电池中的能量，维持整个发电系统的运行[37]。

独立光伏发电系统具有清洁环保、能源丰富、独立运行等优点，但也存在能量密度低、占地面积大、转换效率低等缺点。主要适用于偏远缺电地区、太阳能辐射资源丰富地区和移动性要求较高的场合[38]。

4.4.1.2 并网型光伏发电系统

与独立光伏发电系统不同，并网型光伏发电系统是一种利用太阳能光伏电池组将光能转化为电能，并通过并网逆变器将电能注入电网的发电系统。并网型光伏发电系统主要由太阳能电池板阵列、逆变器以及交流配电柜等关键组件构成。其中，太阳能电池板阵列是系统的核心组件，可将光能高效转换为电能；逆变器将产生的直流电转换为与电网电压相匹配、同频且同相的交流电，确保系统能够顺利与电网实现互联；交流配电柜则将转换后的交流电进行合理分配，以满足不同用电需求。

根据应用场合和发电规模的不同，可以分为集中式并网和分布式并网两种类型[39]。

(1) 集中式

在集中式并网光伏系统中，所产生的电能被直接且高效地输送到大型电网中，由电网进行统一分配与调度，以满足用户的电力需求。该系统与大电网之间的电力传输呈现出单向流动的特点。由于集中式电站采取集中经营与统一管理，因此能够充分利用先进的技术手段进行电力调度，从而有效降低发电成本。

(2) 分布式

分布式并网光伏发电系统则将所生成的电能直接分配给各个用电负载，实现电能的本地化利用。当发电量超过本地负载需求时，多余的电力可以通过与大电网的连接进行调节；而当发电量不足时，也可以通过大电网进行补充。分布式并网光伏发电系统与大电网之间的电力交换具有双向性。

4.4.2 太阳能光伏发电系统与建筑一体化设计

通过将光伏发电系统集成到建筑上，建筑物能够实现自给自足，满足自身的能源需求。这不仅减少了对传统电网的依赖，还在一定程度上缓解了电网供电压力。在能源供应紧张或电网故障时，光伏发电系统可以作为备用电源，保障建筑的正常用电。太阳能光伏发电系统与建筑一体化设计可以降低建筑的用电成本，提高能源利用效率，有助于建筑的节能减排。通过将光伏组件作为建筑元素的一部分，如屋顶、外墙或遮阳设施，不仅有效利用了建筑表面空间，还避免了额外占用土地资源，实现了空间利用的最大化。

4.4.2.1 光伏组件与屋面结合

光伏组件与屋面结合，即将光伏组件作为建筑元素的一部分，与屋面进行有机结合，实现太阳能的高效利用和建筑的绿色、可持续发展。该方式不仅能够提高建筑的能效，还能为建筑提供额外的能源供应，减少对传统能源的依赖。

根据安装方式，可以分为嵌入式和支架式两种。嵌入式安装是指光伏组件直接嵌入到屋面材料中，与屋面形成一体。这种方式能够更好地提供防水和保温效果，但安装和维护难度较大。支架式安装是将光伏组件通过支架结构安装在屋面上。这种方式安装和维护相对简单，但对屋面的荷载要求较高。

在进行光伏组件与屋面结合设计时，需要确保屋面能够承受光伏组件的重量以及风压、雪压等外部荷载。在设计过程中，应参考相关的建筑结构荷载规范，并考虑屋面的现有荷载情况。此外，光伏组件的安装不应破坏屋面的防水层，并应设置合理的排水通道和排水口，以避免积水对屋面和光伏组件造成损害。

4.4.2.2 光伏组件与建筑立面结合

光伏组件与建筑立面的结合主要有垂直式和倾斜式两种方式。垂直光伏幕墙独立于承重结构，作为非承载层，设计灵活多变，可标准化生产，成本较低，适用于办公楼、展馆等。倾斜式光伏组件布置为锯齿形状，分为横向和纵向两种。这种设计能解决建筑朝向和外形问题，增添立面纹理感和活力，提高发电量。但构造要求高，施工复杂，清洁困难。

在进行光伏组件与立面结合设计时，需要对建筑立面进行荷载评估，确保光伏组件的安装不会对建筑结构造成安全隐患。此外，光伏组件的安装不应影响建筑立面的防水性能，需设置合理的排水系统以避免积水对光伏组件和建筑结构造成损害。同时，光伏组件需要定期进行清洁和维护以保持其发电效率。

4.4.2.3　光伏组件与遮阳板结合

光伏组件与遮阳板结合设计是一种创新的建筑设计理念，它将光伏发电技术与遮阳功能巧妙地结合在一起，通过利用太阳能发电，减少对传统能源的依赖，同时提供有效的遮阳效果，改善室内环境，提高建筑的能效和舒适度。该方式既实现了能源的高效利用，又提升了建筑的功能性和美观性。

光伏组件与遮阳板结合主要有一体化和模块化两种方式。一体化设计是将光伏组件与遮阳板在设计和制造过程中进行一体化处理，形成具有遮阳和发电功能的复合构件。这种设计方式使得光伏组件与遮阳板在外观和功能上达到高度统一，既美观又实用。模块化设计是光伏组件与遮阳板采用模块化设计，可以方便地根据建筑立面的形状和大小进行定制和安装。这种安装方式不仅提高了施工效率，还使得光伏组件与遮阳板能够灵活地适应不同的建筑风格和需求。

在设计过程中，需要确保光伏组件与遮阳板的结合结构安全可靠，能够承受各种自然和人为因素的作用。此外，根据建筑物的部位不同，遮阳方式也不同，在光伏组件与遮阳板结合设计过程中，应综合考虑建筑的功能性和美观性。

4.4.3　应用案例分析

4.4.3.1　项目概况

本研究以江苏徐州某高校学生宿舍楼为例，分析太阳能光伏系统的应用及效益。建筑基本概况见表 4-10，3# 宿舍楼立面图如图 4-25 所示。

表 4-10　建筑基本概况

建筑名称	建筑层数/层	建筑高度/m	建筑面积/m^2	体形系数
学生宿舍楼	6	19.8	4 143	0.30

本工程为学生宿舍，根据实际用电情况，主要用电负荷为照明用电。通过对某年建筑用电统计，得出建筑全年耗电量为 50 136 kW · h。

图 4-25　3# 宿舍楼立面图

表 4-11　某年用电统计表

月份	1—2	3	4	5	6	7—8	9	10	11	12	全年
耗电量/(kW·h)	5 464	5 565	4 139	4 575	5 382	4 405	4 193	5 280	5 116	6 017	50 136

4.4.3.2　电池组件安装布置方式

本工程太阳能光伏电池组件布置方案分析如下：

光伏发电项目的电池板安装方式可选范围：沿屋顶倾斜方向架设、以最佳倾角倾斜架设、太阳光追踪。

(1) 沿屋顶倾斜方向架设

① 优点：同样屋顶面积，可实现装机容量最大，安装成本最低；

② 缺点：太阳光入射角度并非最佳，发电效率较低。

(2) 以最佳倾角倾斜架设

① 优点：倾角是优化计算的结果，阳光资源利用率较高，发电效率较高，安装成本较低，适合屋顶光伏发电系统；

② 缺点：前后组件之间存在阴影影响，阴影面积不能利用，屋顶面积利用率较低。

(3) 太阳光追踪

① 优点：全天保持阳光垂直入射，阳光资源利用率最高，发电效率最高，同样的装机容量，可实现发电量最多；

② 缺点：组件之间存在阴影影响，屋顶面积利用率最低，支架及其控制系统复杂，故障概率大，系统成本最高。

为保证项目建设的示范效果及整个光伏发电系统的经济性，根据现场纬度，设计采用最佳倾角沿屋顶倾斜方向架设。

屋顶光伏发电系统受安装面积的限制，不适合安装太阳光追踪系统。

综合考虑上网电量、可实现装机容量、发电效率、安装成本等主要因素，该光伏发电系统主要安装方式为：太阳能电池组件以最佳倾角倾斜架设固定安装，即所有可利用屋顶面积太阳能光伏组件的安装方式为光伏组件电池表面与地面水平方向呈 28°的最佳倾角朝阳倾斜安装，如图 4-26、图 4-27 所示。

图 4-26 屋顶光伏组件安装实例示意图

图 4-27 电池组件安装效果示意图

在屋顶上，太阳能光伏电池组件利用金属支架固定在混凝土支墩上，支墩一般设置在结构梁上。支墩施工时将屋顶保温层、防水层临时破开，支墩与屋顶板固定连接在一起，施工结束后再将保温层、防水层按相应的屋顶工程设计、施工规范进行修复。金属支架固定在混凝土支墩上，金属支架结构件采用热浸镀锌，设计寿命不低于25年；结构件之间连接采用高强螺栓，便于安装和拆卸。组件支架的刚度、强度要满足相应的规程规范要求。光伏组件与屋顶之间留有0.3 m左右间隙，以便屋顶保温层、防水层的检修。

4.4.3.3　太阳能光伏电发电量估算

根据太阳辐射资源分析所确定的光伏电场多年平均年辐射总量，结合初步选择的太阳能电池的类型和布置方案，进行光伏电场年发电量估算。

本光伏发电项目建设规模0.02 MWp，利用建筑屋顶约210 m^2，采用固定倾角的方式安装。

在理论年发电量的基础上，实际上网电量还会受安装倾角、方位角、灰尘、局部阳光遮挡、逆变器效率、输电线损、升压损失、安装损失等综合因素影响。该影响所对应的综合修正系数经分析为82%，求得本期实际上网电量见表4-12。

表4-12　实际年上网电量

序号	项目名称	单位	数值
1	组件单位发电量	kW	22
2	年发电当量小时数	h	1 100
3	年发电量	kW·h	24 200
4	系统总效率	%	82
5	年上网电量	kW·h	19 844

综上所述，该太阳能光伏发电方案可实现装机容量为22 kWp，年平均上网电量估算为19 844 kW·h。

4.5　本章小结

太阳能作为一种可再生能源，在建筑中经过充分的应用，可以很好地促进建筑节能。本章主要介绍了太阳能热水系统、太阳能-空气源热泵耦合热水供暖系统及光伏发电系统，并结合工程实例对各系统在绿色建筑中的应用及节能情况进行了分析。研究结果表明，在太阳辐射条件允许的情况下，充分利用太阳能，能够很好地节约能源，减少对环境的污染。

5　相变材料在建筑低碳化改造中的应用技术

随着人们生活水平的提高，建筑能耗占社会总能耗的比例越来越高，建筑节能技术的研究与应用也越来越重要。目前，有很多的建筑节能技术可降低建筑能耗，而合理地应用建筑储能材料是降低能耗的有效措施之一。相变材料能够在一定温度范围内储存和释放热量，可以调节周围环境温度，降低能耗，达到节能的目的[40]。

5.1　相变材料简介

5.1.1　相变原理

相是指物质系统中具有相同化学组成、聚集状态及物理化学性质的均匀部分。物质有 3 种基本的相：气相、液相和固相。随着温度的变化，物质的相会发生变化，称为相变。相变材料由液相变成固相时，可向周围环境释放大量潜热；而由固相变为液相时，可从周围环境吸收大量潜热，通过材料的相变过程从而达到调节周围环境温度的目的。而在整个相变过程中，材料自身的温度几乎维持不变。在建筑中，我们可以充分利用相变材料的这种特性，达到节能的目的[41]。

5.1.2　相变储能材料

相变储能材料是利用材料在相变时吸热或放热来储存能量或释放能量的，这种材料能量密度较高、体积小、设计灵活、使用方便且易于管理。并且在相变储能过程中，材料温度近似恒定，可以用来控制体系的温度[42]。

常用的相变储能材料可分为无机物相变材料、有机物相变材料。无机物相变储能材料主要包括结晶水合盐类、熔融盐类、金属及其合金和氟化物等。目前比较常用的无机物相变材料是结晶水合盐，这种材料具有导热系数大、单位体积的储热密度大、价格比较便宜等特点。常用的有机物相变储能材料有多元醇、石蜡、高级脂肪烃类、脂肪酸或其酯或盐类、芳香烃类、酰胺类等，其中最典型、最常用的材料是石蜡，它具有相变潜热高、化学性质稳定、无腐蚀性、熔点跨度大、价格低廉等优点，在与普通建筑材料掺杂复合后，可用于制备相变储热墙板。但是石蜡作为相变储能材料也存在储能密度较小和导热系数小的缺点[43]。

5.2 相变材料在建筑中的应用

5.2.1 相变材料在围护结构中的应用

随着建筑节能的开展，我国对围护结构的节能研究越来越重视，目前已形成很多的研究成果并加以应用。但这些围护结构节能技术大多都是以减小其传热系数从而减小热量传递来达到节能的目的。这种技术存在施工质量控制难度大、围护结构厚度大、蓄热能力不足等缺点。相变储能材料的应用，有助于能量在不同时间上的迁移，有助于降低建筑物制冷（制热）负荷，有助于改善人居环境，有助于充分利用太阳能，有助于建筑节能[44]。

相变储能材料在围护结构上应用的主要方法有直接浸泡法、载体封装法、熔融共混法、混合烧结法、多孔吸附法、微胶囊化法等，目前最常用的是多孔吸附法和微胶囊化法。

5.2.2 相变材料在太阳能热泵中的应用

作为一种可再生能源，太阳能加以充分利用有利于建筑节能的实现。但因为存在连续阴雨天的情况，太阳能并不稳定。因此如果仅利用太阳能热泵技术，虽然可以实现节能目标，但不稳定的特性影响使用效果。如果能利用相变材料的特性，将热量储存在相变蓄热水箱中，就可使太阳能热泵系统的稳定性得到很大的提高。

相变材料在太阳能热泵系统中应用时，主要的设备是储热水箱。将相变蓄热材料封装在聚乙烯塑料内并置于换热器上，水箱中的水与盛装相变蓄热材料的塑料小桶进行热交换，同时塑料容器与蛇形盘管中的载热介质进行热交换，最终将热量传递给系统。

太阳能热泵蓄热系统的运行方式主要根据天气情况和系统运行情况来确定。当太阳辐射较强，室外温度较高时，室内不需要供暖，此时太阳能集热器收集的太阳能全部储存在相变蓄热水箱中；当太阳能集热器收集的热量直接向建筑物供暖后还有剩余时，剩余的热量就储存在相变蓄热水箱中；在夜晚或阴雨天没有太阳辐射的时候，蓄热水箱在白天蓄存的热量足够多且载热介质温度足够高，即可利用相变蓄热水箱直接供暖；如果载热介质温度达不到直接供暖的要求，则载热介质可作为热泵的低温热源，用太阳能热泵进行供暖[45]。

5.2.3 相变材料在余热回收中的应用

工业余热存在着巨大的回收潜力。将余热回收利用，既能节约能源、减少 CO_2 排放量，又能减轻热污染、保护环境，对节能具有重要的意义。

相变材料回收工业余热系统包括三个子系统：储热系统、运输系统及放热系统。工业废水或烟气为余热源，而城市的宾馆、洗浴等更低品位热能需求用户为热用户。在储热系统中，余热由相变材料通过相变储存；通过运输系统将回收的余热运输到城市热用户；在放热系统中，通过相变材料的相变将余热释放给热用户[46]。

5.2.4 相变材料在地板敷设供暖中的应用

地板辐射供暖因其具有舒适、节能、美观、节省使用面积、环保卫生等优点，越来越多地被人们广泛应用。

随着建筑节能意识的增强，潜热蓄能地板供暖技术备受关注。将适合于地板供暖要求的相变材料封装成一定规格的模块置于供暖地板结构中进行储热与放热，蓄能地板能很好地起到合理分配热量、调节室内温度的作用[47]。

清华大学"超低能耗示范楼"项目中采用相变蓄热活动地板，具体做法是将相变温度为 20～22 ℃的定型相变材料，放置于常规的活动地板内作为部分填充物，由此形成的蓄热体在白天可储存通过玻璃幕墙和窗户进入室内的太阳辐射热，晚上释放热量，这样室内温度波动不超过 6 ℃[40]。

5.2.5 相变材料在蓄冷空调中的应用

蓄冷空调具有削峰填谷、平衡电力负荷的作用，因此在生活中被广泛应用。根据蓄冷材料的不同，分为水蓄冷、冰蓄冷和相变材料蓄冷。水蓄冷是利用 4～7 ℃水的显热进行蓄冷，但因其蓄冷密度低，蓄水槽体积庞大等缺点并不常用。冰蓄冷是一种充分利用相变潜热的蓄冷方式，具有价格低廉、性能稳定、潜热大等优点。目前，应用最多的是冰蓄冷空调。但冰蓄冷相变温度低，使制冷机在制冰充冷时的蒸发温度比常规非蓄冷系统低 8～10 ℃，这不仅限制了蓄冷空调系统可采用的制冷机种类，且与常规机组相比，蓄冷系统制冷机组的 COP 值下降，耗电量增加。相变材料进行相变蓄冷的空调系统可以克服上述水和冰蓄冷系统的缺点，具有大的储能密度，可直接采用常规制冷机组进行蓄冷，提高制冷机组的蒸发温度和 COP 值，从而改善系统的能量利用率。结合实际情况，在空调蓄冷系统中采用 5～10 ℃的相变材料最合适[49-50]。

蓄冷器是相变材料蓄冷空调的核心部件，它是将蓄冷材料封装在聚乙烯小球内，并将小球密集放在密封罐内，形成封装式蓄冷装置。空调系统运行时，载冷剂在密封罐外流动，将其中的蓄冷材料冻结或融化，从而达到存储和释放所需冷量的目的[51]。

5.3 本章小结

相变储能材料可利用材料在相变时吸热或放热来储存能量或释放能量，在建筑中，可以充分利用相变材料的这种特性，达到节能的目的。本章从围护结构、太阳能热泵、余热利用、地板敷设供暖、蓄冷空调等方面对相变材料在建筑节能中的应用做了介绍，相变材料的应用与推广将会使建筑更节能、更环保、更舒适。

6　相变储能墙体保温隔热改造技术

6.1　相变储能墙体冬季适宜相变温度研究

适宜的相变温度有利于提高相变墙体保温性能。科学合理地确定墙体的最佳相变温度，是相变墙体技术应用中的首要任务。为研究不同构造相变墙体的适宜相变温度，本章以徐州地区冬季工况为例，选取不同朝向墙体表面空气的综合温度作为边界条件，利用ANSYS软件，对不同结构的相变墙体传热过程进行了模拟分析。通过分析墙体的温度分布及其变化趋势，以墙体的保温性能为优化目标，将墙体内表面的温度作为评判标准，确定了冬季工况下不同构造相变墙体的最适宜相变温度，为相变砂浆材料的选择以及相变墙体传热特性的深入研究提供依据。

6.1.1　研究方案

根据太阳辐射理论计算徐州地区冬季墙体表面空气综合温度，采用ANSYS软件对冬季工况南向墙体，外侧、夹心、内侧3种构造，共3种相变墙体的传热过程进行模拟计算，对比分析典型节点处温度分布和变化规律，以墙体内表面温度为判定依据，确定不同相变墙体的适宜相变温度区间，对比数值模拟法与理论计算法确定的适宜相变温度结果，进一步确定适宜相变温度。

墙体保温性能主要体现在建筑围护结构在冬季室外热扰动作用下传热特性，通常采用围护结构内表面温度、传热系数、对温度波的衰减和延迟特性来表示。根据《民用建筑热工设计规范》(GB 50176)规定，将建筑外围护结构的内表面最低温度作为保温性能的控制指标。在研究中采用冬季墙体表面的空气逐时综合温度作为外侧边界条件，加载温度不是固定温度，每天都有变化，墙体内表面温度变化规律也有所不同。因此，本章以墙体内表面平均温度值作为判定指标，确定墙体的适宜相变温度区间[52]。

6.1.1.1　模拟计算方法

本研究采用ANSYS软件对相变墙体传热过程进行模拟计算，对比墙体温度分布规律，分析相变墙体的适宜相变温度。ANSYS 软件是集结构分析、热分析、电磁分析及流体分析等多物理场分析于一体的通用有限元分析软件。热分析是 ANSYS 软件中的一个重要的分析功能，主要用于计算一个系统或部件的温度分布及其他热物理参数。ANSYS 软件具有非稳态相变传热分析功能，可以求解相变传热问题，包括液体的凝固和固体的熔化，通过定义材料的焓随时间变化来考虑相变潜热[53-57]。在 ANSYS 模拟计算中，模型的建立、网格的划分以及计算模拟均选择 Workbench 来实现。

6.1.1.2　相变墙体构造

为了分析相变材料对不同构造建筑墙体传热性能的影响，本研究利用 ANSYS 软件对相变墙体的传热过程进行模拟求解，室外温度边界条件采用徐州地区冬季建筑南向墙体表面空气综合温度，室内温度参数取 18 ℃。

传统的砖墙结构多为三明治结构，墙体中间为 240 mm 厚黏土烧结砖基层墙体，内外均为 20 mm 厚抹面砂浆，本研究根据普通墙体构造进行相变墙体的构造设计。为了更好地研究相变层位置对墙体传热性能的影响，设计制作三种具有代表性的相变墙体，分别将相变层设置在墙体的最外侧、中心点和最内侧。三种不同构造的相变墙体总厚度和材料层厚度均相同，总厚度为 280 mm，砖墙厚度为 240 mm，普通砂浆层厚度为 20 mm，相变砂浆层厚度为 20 mm，相变砂浆在墙体中的体积占比为 1/14。

(1) 外侧相变墙体：墙体总厚度为 280 mm，外侧相变墙体构造如图 6-1 所示。由外往内分别为 20 mm 相变砂浆，240 mm 烧结多孔砖墙，20 mm 普通砂浆。相变材料的相变温度分别为 14 ℃、15 ℃、16 ℃、17 ℃、18 ℃。

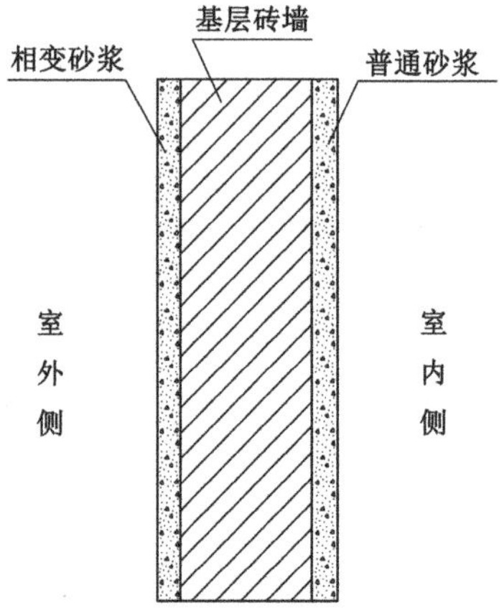

图 6-1　外侧相变墙体构造

(2) 夹心相变墙体：墙体总厚度为 280 mm，夹心相变墙体构造如图 6-2 所示。由外往内分别为 10 mm 普通砂浆，120 mm 烧结多孔砖墙，20 mm 相变砂浆，120 mm 烧结多孔砖墙，10 mm 普通砂浆。相变材料的相变温度分别为 14 ℃、15 ℃、16 ℃、17 ℃、18 ℃。

(3) 内侧相变墙体：墙体总厚度为 280 mm，墙体构造如图 6-3 所示。由外往内分别为 20 mm 普通砂浆，240 mm 烧结多孔砖墙，20 mm 相变砂浆。相变材料的相变温度分别为 14 ℃、15 ℃、16 ℃、17 ℃、18 ℃。

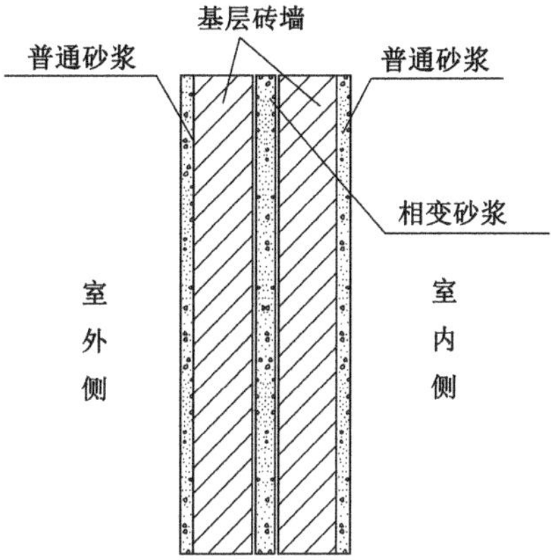

图 6-2　夹心相变墙体构造

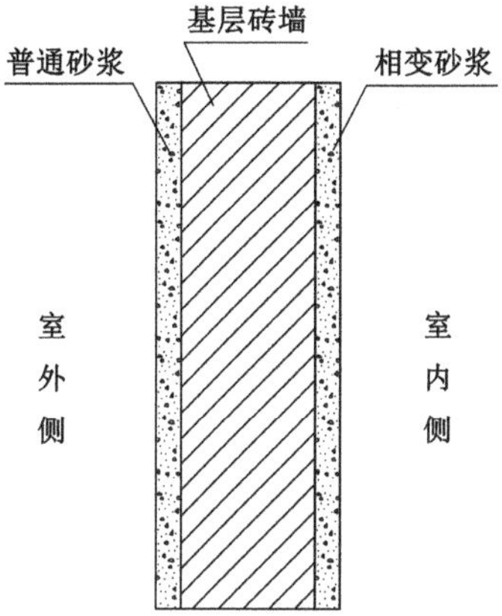

图 6-3　内侧相变墙体构造

6.1.1.3　墙体物理模型

根据相变墙体的构造，利用 ANSYS 软件分别建立三种不同构造的墙体模型。

(1) 墙体一(外侧相变墙体)为三层结构，由外到内第 1 层为 20 mm 相变砂浆层，第 2 层为 240 mm 煤矸石烧结多孔砖墙，第 3 层为 20 mm 水泥砂浆层。

(2) 墙体二(夹心相变墙体)为五层结构，由外到内第 1 层为 10 mm 水泥砂浆层，第 2 层为 120 mm 煤矸石烧结多孔砖墙，第 3 层为 20 mm 相变砂浆层，第 4 层为 120 mm 煤矸石烧结多孔砖墙，第 5 层为 10 mm 水泥砂浆层。

(3) 墙体三(内侧相变墙体)为三层结构，由外到内第 1 层为 20 mm 水泥砂浆层，第 2 层为 240 mm 煤矸石烧结多孔砖墙，第 3 层为 20 mm 相变砂浆层。

相变墙体的材料物性参数见表 6-1。

表 6-1　材料物性参数表

材料	相变砂浆	煤矸石烧结多孔砖墙	普通砂浆
密度/(kg/m^3)	1 600	1 400	1 800
导热系数/[W/(m·K)]	0.74	0.58	0.93
蓄热系数/[$W/(m^2·K)$]	—	7.92	11.37
比热容/[J/(kg·K)]	—	1 050	1 050

数值模拟计算中不能考虑到工程实际的全部因素，在保证模拟计算精度的

前提下，对相变储能墙体进行一定简化，并做出以下假定：

(1) 墙体为多层结构，每层之间紧密结合，无接触热阻。

(2) 墙体构成层均为均匀一致性材料，具有各向同性。

(3) 室内侧对流换热系数为恒定值，只考虑对流换热，无设备、照明等散热的影响，即无内扰因素。

(4) 当相变材料融化为液体时不考虑其自然对流作用。

(5) 室外侧考虑空气温度和太阳辐射的综合作用。

(6) 不考虑相变砂浆层的不均匀性，相变砂浆层假定为具有一定厚度的纯相变板。

6.1.1.4 墙体数学模型

在模拟计算中，利用焓法方程进行相变墙体传热过程描述，不考虑相变材料的相态及固液相界面位置，将热焓和温度作为未知数建立统一的能量方程，利用数值方法求出热焓与墙体温度分布[58-60]。

相变墙体传热过程按一维非稳态传热进行计算，焓法模型的能量控制方程为：

$$\rho_{\mathrm{p}} \frac{\partial H}{\partial t}=\lambda_{\mathrm{p}} \frac{\partial^{2} T}{\partial x^{2}} \tag{6-1}$$

相变材料的焓值与温度之间关系为：

$$H=\int_{T_0}^{T_{\mathrm{L}}} c_{\mathrm{p,s}} \mathrm{d}T+\int_{T_{\mathrm{L}}}^{T_{\mathrm{H}}} c_{\mathrm{p,m}} \mathrm{d}T+\int_{T_{\mathrm{H}}}^{T} c_{\mathrm{p,l}} \mathrm{d}T \tag{6-2}$$

式中 H——相变材料的焓值，kJ/kg；

T——相变材料在 t 时刻的温度，K；

T_0——焓值为 0 时的温度，K；

T_{L}——相变温度区间下限温度，K；

T_{H}——相变温度区间上限温度，K；

ρ_{p}——相变材料密度，$\mathrm{kg/m^3}$；

λ_{p}——相变材料导热系数，W/(m·K)；

c_{p}——相变材料比热，kJ/(kg·K)；

$c_{\mathrm{p,s}}$——相变材料未熔化时的比热，kJ/(kg·K)；

$c_{\mathrm{p,m}}$——相变材料已经开始熔化但未完全熔化时的比热，kJ/(kg·K)；

$c_{\mathrm{p,l}}$——相变材料完全熔化为液态时的比热，kJ/(kg·K)；

t——时间，s。

6.1.2 相变墙体传热数值模拟计算过程

利用 ANSYS 软件对相变材料的相变过程及相变墙体的传热过程进行求

解，首先要确定室内外温度边界条件与初始条件。

6.1.2.1 室外侧初始与边界条件

为保证模拟计算中温度边界条件的准确性，本研究选取徐州地区典型年气象参数进行墙体表面空气温度计算。以徐州地区12月、1月、2月这三个月气象参数，综合考虑太阳辐射的影响，计算该地区建筑南向的墙体表面空气温度。

1. 墙体表面太阳辐射角

墙体表面太阳辐射量与墙体所处位置、墙体朝向等因素有重要关系，本研究选择徐州地区建筑墙体进行计算，徐州地处北纬34°15′，东经117°11′，根据气象参数表中可以查得太阳高度角 h、太阳方位角 α。

(1) 太阳赤纬角

要计算某地区的墙体表面太阳辐射角，必须先计算所处地区的太阳赤纬角。根据地球公转和自转规律，太阳赤纬角 δ 的计算公式为[61]：

$$\delta = 23.45\sin\left[360 \times \frac{(284 + n)}{365}\right] \tag{6-3}$$

式中 n——所求日期在一年中的日子数。

(2) 太阳时角

太阳时角 ω 是用角度表示的太阳时，以一昼夜为变化周期，计算公式为：

$$\omega = 15(T_{as} - 12) \tag{6-4}$$

太阳时与标准时间不同，需要进行转换，其转换公式为：

$$T_{as} = T_{ls} + E - 4 \times (L_{st} - L_{loc}) \tag{6-5}$$

式中 ω——太阳时角，(°)；

T_{as}——太阳时，h；

T_{ls}——标准时间，h；

L_{st}——制定标准时间采用的标准经度，我国为北京时间，取120°；

L_{loc}——当地经度，徐州为东经117.18°；

E——地球公转时产生的修正，$E = 9.87\sin 2B - 7.53\cos B - 1.5\sin B$，$B = \frac{360(n-81)}{364}$，$n$ 为一年中日期的序号。

在墙体表面太阳辐射的计算中，还要确定太阳光线与墙面之间的几何角度关系[62]，如图6-4所示。

太阳光线与墙体表面法线之间的夹角，称为太阳光线的入射角 θ，可以分解为墙体表面法向和切向两个方向的光线。

如图6-4所示，太阳入射角与其他角度的关系可以表示为：

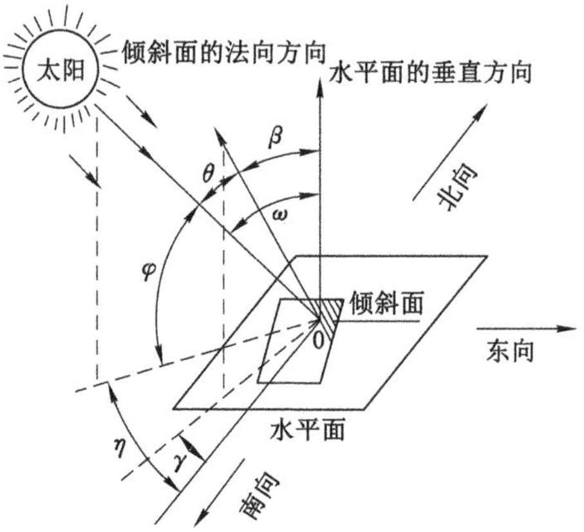

图 6-4　太阳光线与墙面间几何角度关系图

$$\theta = f(\delta, \varphi, \beta, \gamma, \omega) \tag{6-6}$$

计算公式为：

$$\cos\theta = \sin\delta(\sin\varphi\cos\beta - \cos\varphi\sin\beta\cos\gamma) + \cos\delta\cos\omega(\cos\varphi\cos\beta + \sin\varphi\sin\beta\cos\gamma) + \cos\delta\sin\beta\sin\gamma\sin\omega \tag{6-7}$$

式中　δ——太阳赤纬角；

ω——太阳时角；

φ——纬度；

β——墙体与水平地面夹角；

γ——墙体方位角。

墙体方位角 γ 为墙体法线与正南向的夹角，东向墙体方位角为 $-90°$；南向墙体方位角为 0°；西向墙体方位角为 90°；北向墙体方位角为 180°。

2. 墙体表面太阳辐射量

建筑墙体表面所受的太阳辐射强度，包括直射辐射、散射辐射。根据铅垂面上太阳辐射的计算方法，墙面上的太阳总辐射量为太阳直射辐射、天空散射辐射和来自地球表面的反射辐射的总和[63-64]：

$$I_V = I_{V,b} + I_{V,d} + I_{V,r} \tag{6-8}$$

式中　I_V——太阳总辐射量，W/m^2；

$I_{V,b}$——太阳直射辐射量，W/m^2；

$I_{V,d}$——太阳散射辐射量，W/m^2；

$I_{V,r}$——水平地面反射辐射量，W/m^2。

(1) 墙体表面上太阳直射辐射量

已知水平面上的太阳直射辐射量，即可算出墙体表面上的太阳直射辐射量：

$$I_{V,b}=I_b\cot\theta \tag{6-9}$$

式中 I_b——水平面上太阳辐射量，W/m²；

(2) 墙体表面上太阳散射辐射量

已知水平地面散射辐射强度，即可算出墙体表面上太阳散射辐射量：

$$I_{V,d}=I_{DS}\cos^2(\beta/2) \tag{6-10}$$

式中 I_{DS}——水平地面散射辐射强度，选用气象参数表中测量值，W/m²；

β——墙体与水平地面的夹角，(°)。

(3) 墙体表面上水平地面反射辐射量

已知水平地面散射辐射强度，即可算出墙体表面上水平地面的反射辐射量：

$$I_{V,r}=\rho_r I_S[1-\cos^2(\beta/2)] \tag{6-11}$$

式中 I_S——水平地面上的总辐射强度，W/m²；

ρ_r——水平地面反射率，取值 0.2；

β——墙体与水平地面的夹角，(°)。

3. 墙体表面空气综合温度

不同朝向墙体表面的室外空气综合温度根据式(6-12)计算：

$$T_Z=T_w+\frac{\rho_a I_V}{h_w} \tag{6-12}$$

式中 T_Z——室外空气综合温度，℃；

T_w——室外空气温度，℃；

ρ_a——墙面辐射吸收系数；

h_w——空气与墙体对流换热系数，W/(m² · K)。

室外侧初始与边界条件：南向墙体室外侧加载温度使用 TABLE 功能定义温度参数，加载温度为墙体表面空气综合温度计算值，模拟墙体所处的冬季室外环境温度。本数值模拟计算周期为 1 月 1 日—1 月 31 日，外侧空气温度和墙体初始温度均设为 1 月 1 日 0 时的墙体表面空气综合温度，为 2.35 ℃。根据《民用建筑热工设计规范》(GB 50176)规定，冬季墙体外表面对流换热系数为 23.0 W/(m² · K)。

6.1.2.2 室内侧初始与边界条件

室内侧边界加载温度设定为恒定温度，取冬季室内温度 18 ℃；根据《民用建筑热工设计规范》(GB 50176)规定,外墙内表面对流换热系数为 8.7 W/(m² · K)。

6.1.2.3　网格划分与时间步长

(1) 网格划分

在数值模拟计算中,首先将计算模型离散化。为了提高计算的精确度,尽量将网格精度提高,本研究设定网格精度为 0.01。

外侧相变墙体模型构造与网格划分如图 6-5 所示。

图 6-5　外侧相变墙体模型构造与网格划分示意图

夹心相变墙体模型构造与网格划分如图 6-6 所示。

图 6-6　夹心相变墙体模型构造与网格划分示意图

内侧相变墙体模型构造与网格划分如图 6-7 所示。

(2) 时间步长

根据研究方案,本模拟时间周期为 1 月 1 日—1 月 31 日,共计 31 天,总时长为 2 678 400 s,计算时间步长设置为 600 s,设置完毕后进行求解计算并保存

图 6-7　内侧相变墙体模型构造与网格划分示意图

计算结果。

6.1.3　相变墙体温度分布规律

6.1.3.1　外侧相变墙体

在模拟计算中，由于墙体初始温度设定为 1 月 1 日 0:00 的温度，与实际温度有所差异，模拟初期的计算结果不够稳定，在 48 h 后基本达到稳定状态。本研究选取 1 月 24—27 日共 4 天时间的模拟计算结果数据进行对比分析，包括墙体外表面(wall-1)、相变砂浆与基层墙体交界面(wall-2)、基层墙体中心点(wall-3)、基层墙体与内抹面砂浆交界面(wall-4)、墙体内表面(wall-5)共 5 个节点处的温度。通过对比不同相变温度的墙体温度分布和变化规律，确定南向外侧相变墙体的适宜相变温度区间。

根据墙体表面温度计算结果，南向墙体室外空气平均逐时温度在－7.8～17.3 ℃之间波动，平均温度为 1.8 ℃。在对南向外侧相变墙体(墙体一)模拟过程中，分别对相变温度为 14 ℃、15 ℃、16 ℃、17 ℃、18 ℃的相变砂浆墙体进行数值模拟计算，墙体温度分布计算结果如图 6-8 所示。

根据模拟计算结果，墙体内外表面温度与室外空气温度波动规律一致，具有一定的时间延迟。墙体外表面最低温度平均值为－5.02 ℃，比室外侧空气最低温度高约 2.78 ℃；墙体外表面最高温度平均值为 14.22 ℃，比室外侧空气最高温度低约 3.01 ℃。墙体内表面温度波动较小，在 14.10～15.82 ℃波动。

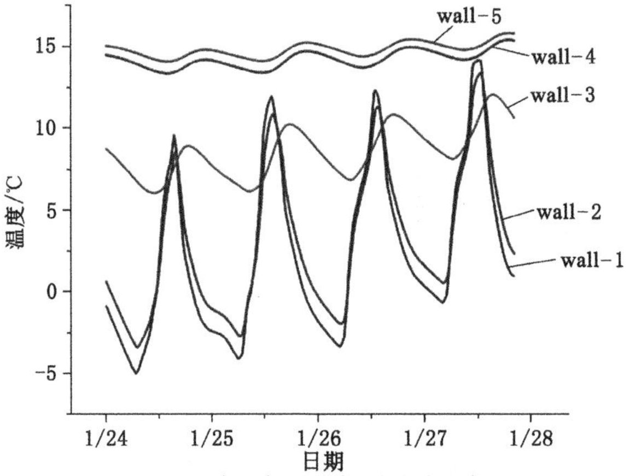

（a）相变温度14 ℃墙体各节点温度

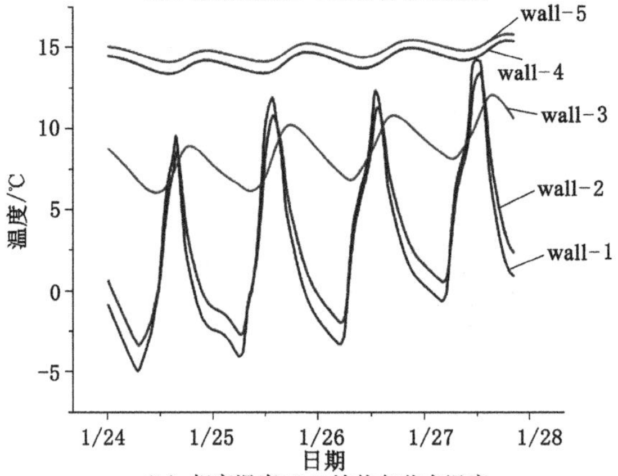

（b）相变温度15 ℃墙体各节点温度

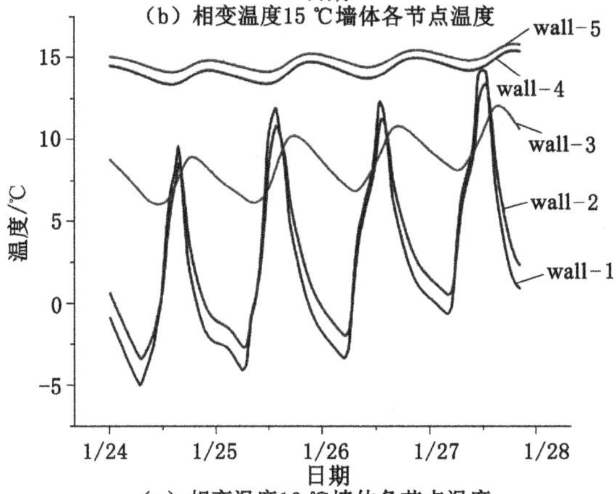

（c）相变温度16 ℃墙体各节点温度

图 6-8　南向外侧相变墙体各节点温度变化曲线

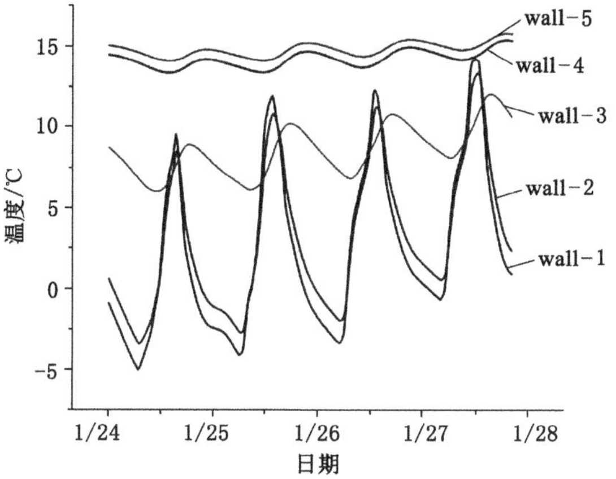

(d) 相变温度17 ℃墙体各节点温度

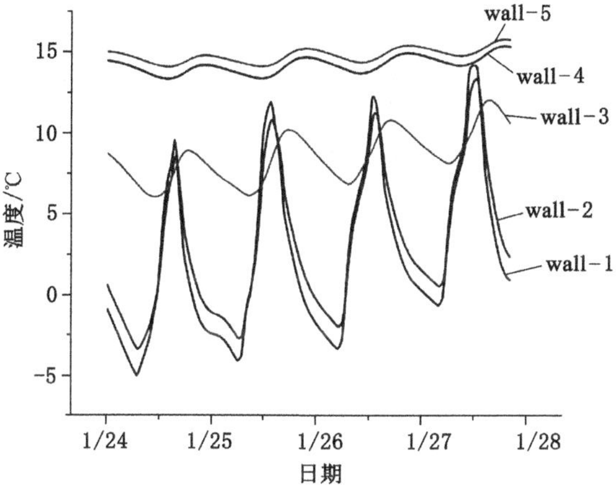

(e) 相变温度18 ℃墙体各节点温度

图 6-8 （续）

模拟计算结果表明，由于冬季室外空气温度较低，墙体各节点温度长期保持在 16 ℃以下，16 ℃、17 ℃、18 ℃的相变材料基本长期保持固态，几乎未发生相变反应；14 ℃、15 ℃的相变材料在墙体降温初期具有一定的温度延迟作用，但均未能有效抑制墙体温度降低。究其原因，主要是因为相变砂浆处于墙体外侧，相变层各节点的温度大多数时间均处于 14 ℃及以下，发生相变反应的时间极少，相变材料不能很好地发挥其蓄热特性。

如图 6-9 所示，当选择不同相变温度时，墙体内表面温度分布规律虽有所不同，但其变化幅度及规律基本一致。可见，相变温度变化对墙体内表面温度影响不大，墙体内表面最低温度基本相同，原因是在最低温度时相变材料未发生相变。

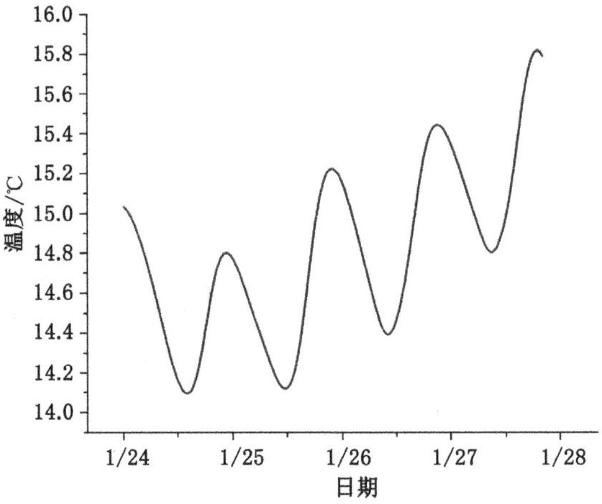

图 6-9　南向外侧相变墙体不同相变温度时内表面温度变化

根据模拟计算结果，在徐州地区冬季工况条件下，对比南向外侧相变墙体内表面温度，无论是哪种相变温度，冬季保温效果均不明显。

6.1.3.2　夹心相变墙体

本研究选取了 1 月 24—27 日共计 4 天时间的模拟结果数据进行对比，包括墙体外表面(wall-1)、外抹面砂浆与外基层墙体交界面(wall-2)、外基层墙体与相变砂浆交界面(wall-3)、相变砂浆与内基层墙体交界面(wall-4)、基层墙体与内抹面砂浆交界面(wall-5)、墙体内表面(wall-6)共 6 个节点处的温度。通过对比分析不同相变温度墙体的温度分布规律，确定南向夹心相变墙体的适宜相变温度区间。

根据墙体表面温度计算结果，南向墙体室外空气平均逐时温度在－7.8～17.3 ℃波动，平均温度为 1.8 ℃。在对南向夹心相变墙体(墙体二)模拟过程中，分别对相变温度为 14 ℃、15 ℃、16 ℃、17 ℃、18 ℃的相变砂浆墙体进行数值模拟计算，计算结果如图 6-10 所示。

根据模拟计算结果，墙体外表面温度受相变温度影响较小，不同墙体外表面温度基本相同。外基层墙体与相变砂浆交界面温度在 5.46～11.82 ℃波动；内基层墙体与相变砂浆交界面温度在 6.49～12.10 ℃波动；墙体内表面温度在 14.10～15.81 ℃波动。

对比不同相变温度的墙体相变层处温度可知，相变砂浆层处温度一直在 14.0 ℃以下，相变材料长期处于固态，未能发生相变反应，相变材料未能发挥其蓄热特性。

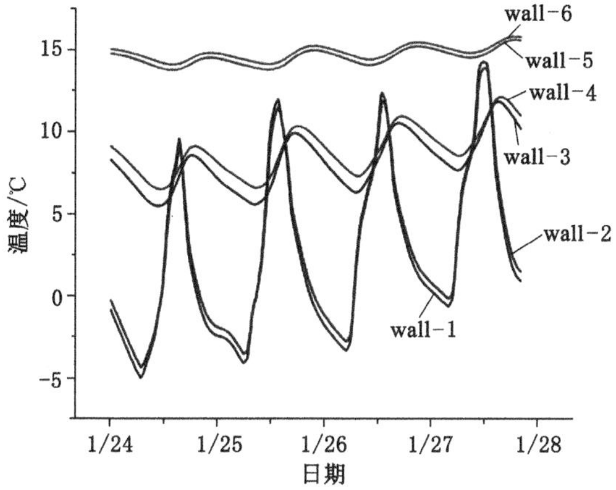

(a) 相变温度14 ℃墙体各节点温度

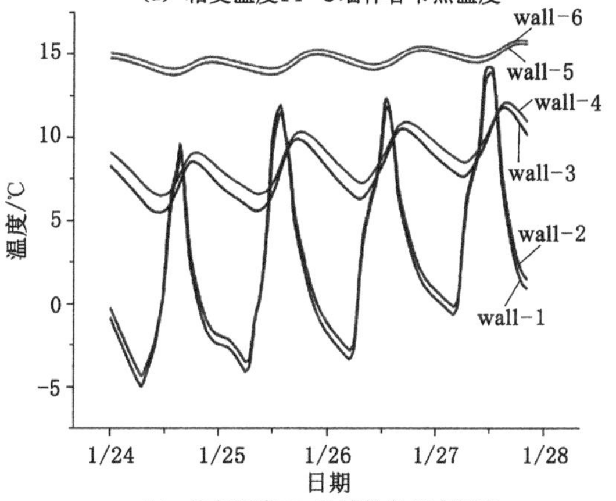

(b) 相变温度15 ℃墙体各节点温度

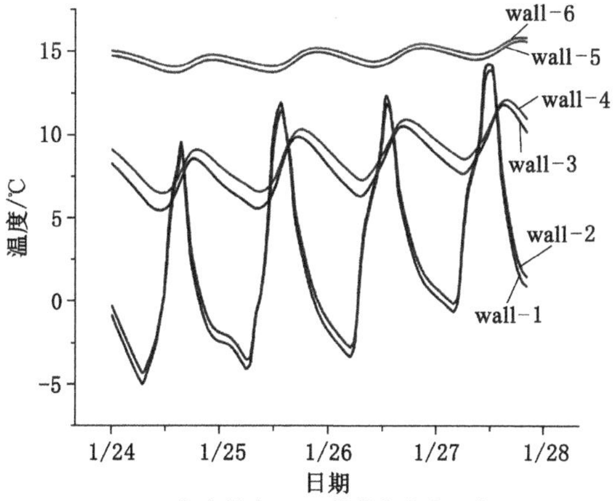

(c) 相变温度16 ℃墙体各节点温度

图 6-10　南向夹心相变墙体各节点温度曲线

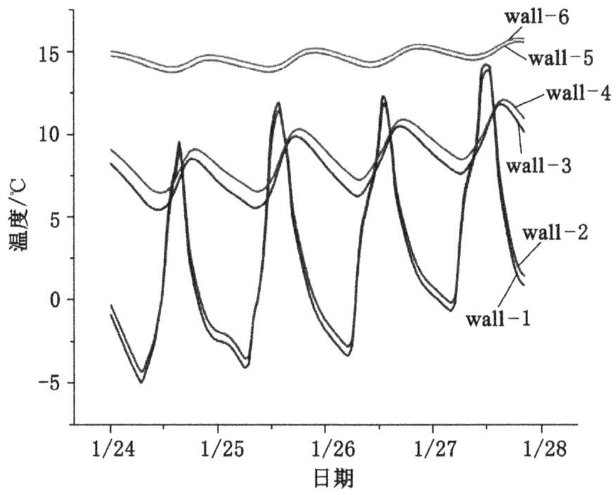

(d）相变温度17 ℃墙体各节点温度

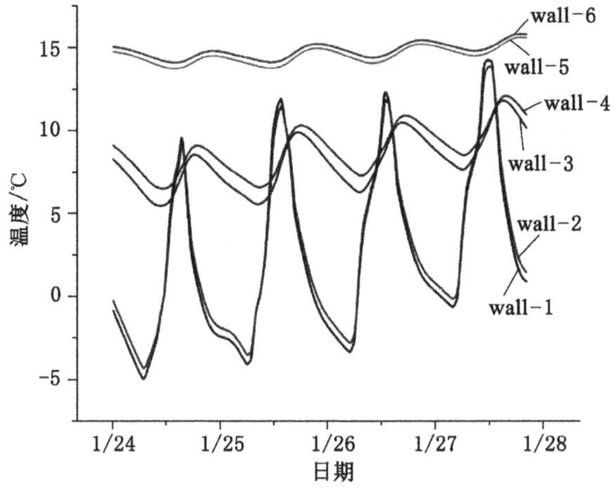

(e）相变温度18 ℃墙体各节点温度

图 6-10 （续）

6.1.3.3 内侧相变墙体

根据墙体表面温度计算结果，南向墙体室外空气平均逐时温度在－7.8～17.3 ℃波动，平均温度为 1.8 ℃。在对南向内侧相变墙体（墙体三）模拟过程中，分别对相变温度为 14 ℃、15 ℃、16 ℃、17 ℃、18 ℃的相变砂浆墙体进行数值模拟计算，计算结果如图 6-11 所示。

根据模拟计算结果，墙体外表面温度受相变温度变化影响较小，不同相变温度墙体外表面、外侧砂浆与基层墙体交界面、基层墙体中心点处温度均基本相同。墙体内表面温度在 14.09～15.83 ℃波动。

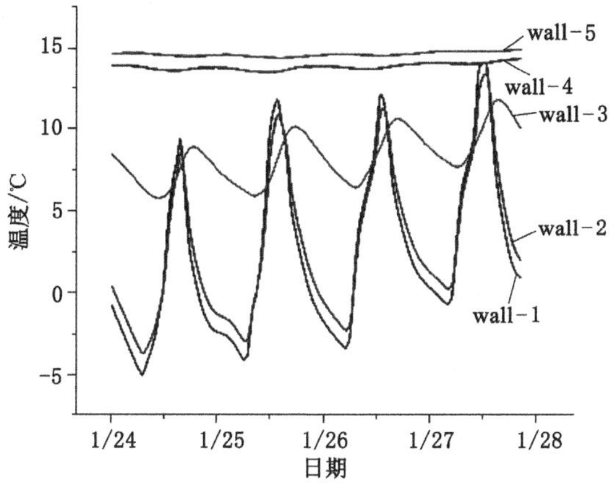

(a) 相变温度14 ℃墙体各节点温度

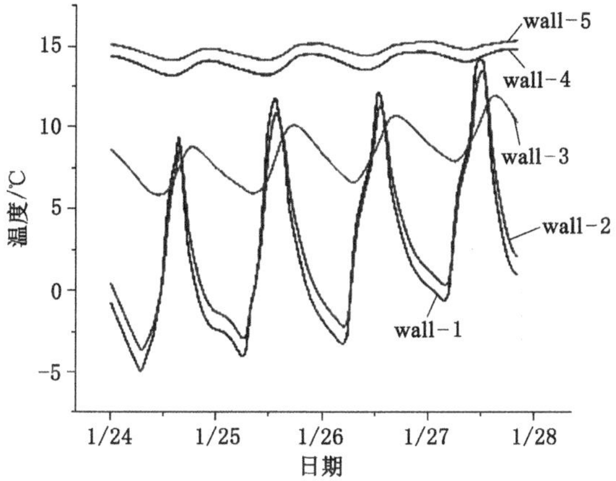

(b) 相变温度15 ℃墙体各节点温度

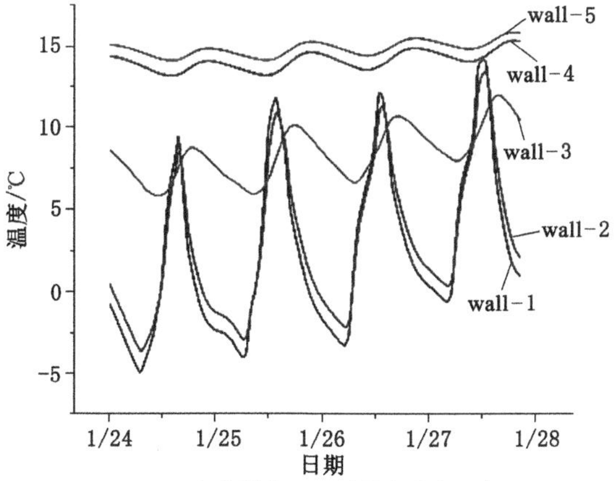

(c) 相变温度16 ℃墙体各节点温度

图 6-11　南向内侧相变墙体各节点的温度曲线

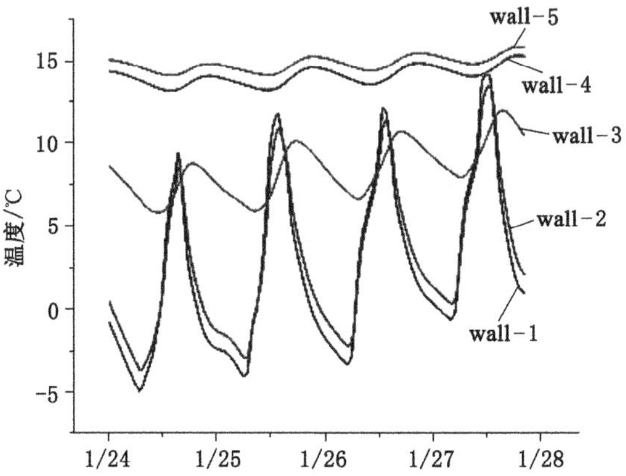

(d) 相变温度17℃墙体各节点温度

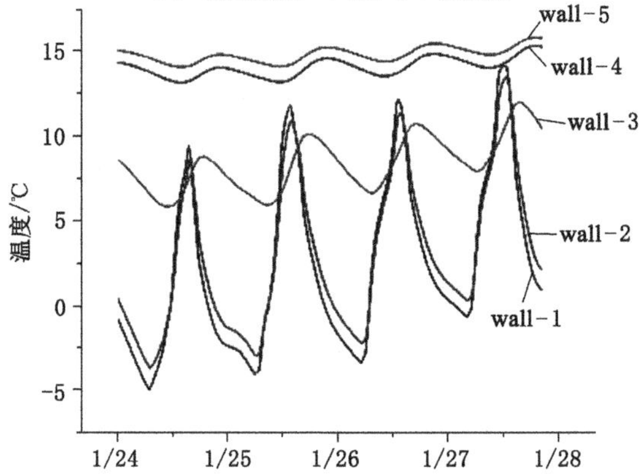

(e) 相变温度18 ℃墙体各节点温度

图 6-11 （续）

对比不同相变温度的墙体相变层处温度可知，墙体内表面温度在 13.16～15.32 ℃，16 ℃、17 ℃、18 ℃的相变材料未能发生相变反应，不能起到调节温度的作用；14 ℃相变材料对墙体温度降低具有很好的抑制作用，内表面最低温度升高 0.31 ℃左右；16 ℃相变材料对墙体温度降低的抑制作用一般，最低温度仅升高 0.01 ℃左右。

对比不同相变温度内侧相变墙体的基层墙体与相变砂浆交界面、内表面温度变化曲线（图 6-12），当选择不同相变温度时，内表面温度分布规律有所不同。

相变温度变化对南向内侧相变墙体内表面温度影响较大，当相变温度为 14 ℃时较大，内表面最低温度为 14.40 ℃；而相变温度为 18 ℃时最小，内表面最低温度均为 14.09 ℃；相变温度过高对建筑节能不利。

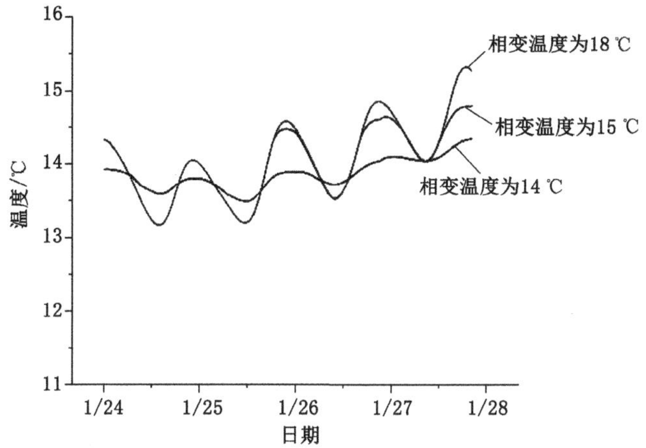

(a) 基层墙体与相变砂浆交界面温度对比

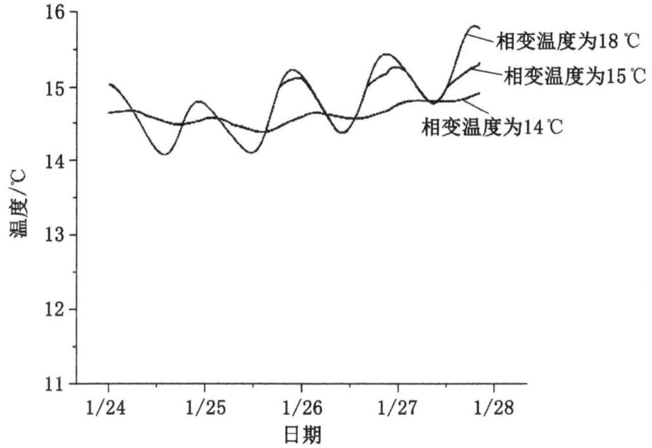

(b) 墙体内表面温度对比

图 6-12 南向内侧相变墙体温度对比

根据模拟计算结果,在徐州地区冬季工况条件下,对比内侧相变墙体内表面最低温度,内侧相变墙体的适宜相变温度为 14 ℃。

6.1.4 墙体构造对墙体适宜相变温度的影响

受室外气温、阴晴天气和太阳辐射等因素的影响,墙体表面空气综合温度每天均有所不同,相变墙体每天的适宜相变温度也有所变化,因此,以逐天计算结果的平均值作为适宜相变温度代表值。为研究相变墙体适宜相变温度的变化规律,对不同构造的墙体表面空气综合温度最高值、最低值的平均值进行对比分析。

模拟计算结果表明，由于受构造和相变温度的影响，不同相变墙体温度分布规律不同，适宜相变温度也不同，结果详见表 6-2～表 6-4。

表 6-2　外侧相变墙体适宜相变温度

相变砂浆外表面(wall-1)最高温度平均值/℃	相变砂浆外表面(wall-1)最低温度平均值/℃	相变砂浆外表面(wall-1)温度平均值/℃	外侧相变墙体适宜相变温度/℃
14.21	−5.02	2.34	—

表 6-3　夹心相变墙体适宜相变温度

相变砂浆外表面(wall-3)最高温度平均值/℃	相变砂浆外表面(wall-3)最低温度平均值/℃	相变砂浆外表面(wall-3)温度平均值/℃	夹心相变墙体适宜相变温度/℃
11.82	5.46	8.08	—

表 6-4　内侧相变墙体适宜相变温度

相变砂浆外表面(wall-4)最高温度平均值/℃	相变砂浆外表面(wall-4)最低温度平均值/℃	相变砂浆外表面(wall-4)温度平均值/℃	内侧相变墙体适宜相变温度/℃
15.02	13.23	14.00	14

根据表 6-2～表 6-4 所示的墙体适宜相变温度可以看出，外侧相变墙体和夹心相变墙体的相变层温度均很低，相变材料不能很好地进行相变反应；内侧相变墙体适宜相变温度在 14 ℃左右。不同构造墙体的适宜相变温度相差较大，相变层位置对于适宜相变温度的影响更大。因此，在相同的模拟工况下，相变层位置是决定墙体适宜相变温度区间的影响因素。

6.1.5　墙体适宜相变温度确定

6.1.5.1　数值计算结果

根据前期的模拟结果，外侧相变墙体和夹心相变墙体由于相变层温度较低，材料很难发生相变反应，因此，选择内侧相变墙体为研究对象。

根据材料相变理论，相变材料发生相变反应的必要条件是处于涵盖相变温度区间的交变温度环境中。在数值模拟计算中，将墙体外侧温度设定为交变温度，内侧设定为恒定温度，提供相变反应条件的是墙体外侧的交变温度，即直接影响相变材料温度的因素是相变材料层的外表面温度。相变材料长期处于交变温度中发生多次循环相变反应,吸收和释放的热量应相等,否则将难以进行下一次相变反应循环。在交变温度作用下,要使相变墙体吸收和释放热量相等,相变温度应等于相变材料层外表面温度的平均值。

根据1月24—27日模拟计算结果分析,徐州地区冬季南向内侧相变墙体的相变层外表面温度平均值为14 ℃。

根据墙体适宜相变温度的模拟计算结果,南向内侧相变墙体适宜相变温度在14 ℃左右。

对比相变层表面平均温度与适宜相变温度判定结果,内侧相变墙体相变层外表面温度平均值处于判定的适宜相变温度区间内。

因此,根据材料相变理论分析和数值模拟计算结果可得,相变墙体的适宜相变温度应为相变材料层外表面平均温度。

6.1.5.2 公式计算结果

在对建筑围护结构相变温度的确定研究中,有的学者根据建筑能耗大小判定,有的学者通过环境温度直接确定,也有学者给出了适宜相变温度的计算方法。文献[65-66]研究认为,在相变隔热设计中,将相变材料置于墙体的第 n 层与第 $n+1$ 层之间,相变材料的适宜相变温度为相变材料层的平均温度,并给出了计算公式。该计算方法不考虑材料相变潜热的影响,将墙体各层材料物性假设为恒定不变,墙体传热的能量方程是线性方程,通过方程求解未加相变材料时原有围护结构处温度。相变层材料层热阻不可以忽略时,适宜相变温度计算公式为:

$$t_{\mathrm{pcm}}=\overline{t_{\mathrm{n}}}=\overline{t_{\mathrm{r}}}+\frac{(\overline{t_{\mathrm{e}}}-\overline{t_{\mathrm{r}}})\left[R_{\mathrm{r}}+0.5R_{\mathrm{pcm}}+\sum_{i=1}^{n}R_{i}\right]}{R_{\mathrm{r}}+R_{\mathrm{e}}+R_{\mathrm{pcm}}+\sum_{i=1}^{m}R_{i}} \tag{6-13}$$

式中 t_{pcm}——相变墙体适宜相变温度,℃;

$\overline{t_{\mathrm{n}}}$——相变材料层的平均温度,℃;

$\overline{t_{\mathrm{r}}}$——墙体内侧空气平均综合温度,℃;

$\overline{t_{\mathrm{e}}}$——墙体外侧空气平均综合温度,℃;

R_{r}——墙体内表面对流换热热阻,$(\mathrm{m^2\cdot K})/\mathrm{W}$;

R_{e}——墙体外表面对流换热热阻,$(\mathrm{m^2\cdot K})/\mathrm{W}$;

R_{pcm}——相变材料层传热阻,$(\mathrm{m^2\cdot K})/\mathrm{W}$;

R_{i}——第 i 层墙体材料层传热阻,$(\mathrm{m^2\cdot K})/\mathrm{W}$。

根据6.1.5.1节的分析，本研究确定的相变墙体适宜相变温度为相变材料层外表面平均温度，借鉴文献相变材料层温度计算思路和方法，本研究确定的适宜相变温度计算公式由式(6-13)改写为式(6-14)。

$$t_{\mathrm{pcm}}=\overline{t_{\mathrm{e,p}}}=\overline{t_{\mathrm{r}}}+\frac{(\overline{t_{\mathrm{e}}}-\overline{t_{\mathrm{r}}})\left[R_{\mathrm{r}}+R_{\mathrm{pcm}}+\sum_{i=1}^{n}R_{i}\right]}{R_{\mathrm{r}}+R_{\mathrm{e}}+R_{\mathrm{pcm}}+\sum_{i=1}^{m}R_{i}} \tag{6-14}$$

式中 $\overline{t_{\mathrm{e,p}}}$——相变材料层外表面平均温度，℃。

对于冬季工况，本研究确定的适宜相变温度计算公式为：

$$t_{\mathrm{pcm}}=\overline{t_{\mathrm{e,p}}}=\overline{t_{\mathrm{e}}}+\frac{(\overline{t_{\mathrm{r}}}-\overline{t_{\mathrm{e}}})\left[R_{\mathrm{e}}+R_{\mathrm{pcm}}+\sum_{i=1}^{n}R_{i}\right]}{R_{\mathrm{e}}+R_{\mathrm{r}}+R_{\mathrm{pcm}}+\sum_{i=1}^{m}R_{i}} \tag{6-15}$$

6.1.5.3 综合对比分析

为了判定数值模拟计算结果与公式计算结果的精确性，分别将两种计算方法确定的适宜相变温度值进行再次对比。利用式(6-14)分别计算徐州地区冬季不同朝向相变墙体适宜相变温度，计算结果与模拟计算结果对比见表6-5。

表6-5 内侧相变墙体适宜相变温度计算结果

理论计算值/℃	模拟计算值/℃	误差值/℃
14.15	14.00	0.15

根据适宜相变温度的公式计算值与模拟计算值对比结果可知，内侧相变墙体两种计算结果基本一致，理论计算值偏小。

6.2 相变储能墙体传热特性理论研究

本节基于相变传热理论建立不同构造相变墙体传热过程的数学模型，以第4章相变墙体传热特性试验的实测温度为边界条件，分别对不同构造相变墙体传热过程进行数值模拟计算，验证模拟计算结果与试验测试结果的一致性；在外侧交变温度、内侧恒定温度的理想边界条件下计算分析不同构造相变墙体的温度分布及变化规律，揭示不同构造相变墙体的传热特性，分析相变温度、相变焓值、相变层厚度等因素对相变墙体传热特性的影响规律。

6.2.1 研究方案

本研究基于相变过程的一维非稳态传热理论，建立不同构造相变墙体传热过程的数学模型，采用 ANSYS 软件对相变墙体的传热过程进行数值模拟计算，分析墙体温度分布及热流密度变化规律，综合对比相变墙体传热过程试验测试结果，揭示相变墙体的传热特性及影响因素。

6.2.1.1 计算墙体构建

为揭示相变墙体传热特性以及相变构造、相变温度、相变总焓对墙体传热特性的影响规律，本研究对不同工况下的 25 种相变墙体进行数值模拟计算。

计算共分为两部分：一是相变墙体传热特性分析，以外侧逐时温度、内侧恒定温度为边界条件；二是相变墙体传热特性的影响因素分析，以外侧逐时温度、内侧恒定温度为边界条件。

(1) 计算方案一：相变墙体传热特性分析。在外侧逐时温度、内侧恒定 18 ℃的边界条件下，对 3 种不同构造相变墙体进行传热过程模拟计算，结合墙体传热试验测试结果，综合分析相变墙体的传热特性。计算墙体构造与工况见表 6-6。

表 6-6 相变墙体传热特性分析的计算墙体

计算方案	墙体序号	墙体构造	计算工况
相变墙体传热特性分析	计算墙体 1	外侧相变墙体，相变温度为 14 ℃	外侧温度为外侧相变墙体试验逐时温度，内侧恒定 18 ℃
	计算墙体 2	夹心相变墙体，相变温度为 14 ℃	外侧温度为夹心相变墙体试验逐时温度，内侧恒定 18 ℃
	计算墙体 3	内侧相变墙体，相变温度为 14 ℃	外侧温度为内侧相变墙体试验逐时温度，内侧恒定 18 ℃

(2) 计算方案二：相变墙体传热特性的影响因素分析。以内侧相变墙体为例，在试验测试的外侧逐时温度、内侧恒定为 18 ℃的边界条件下，分别对 5 个相变温度(14 ℃、15 ℃、16 ℃、17 ℃、18 ℃)、3 个相变焓值(75.1 J/g、150 J/g、225 J/g)、4 个相变层厚度(10 mm、20 mm、30 mm、40 mm)的共 10 种相变墙体传热过程进行模拟计算，分析相变墙体传热特性的影响因素。计算墙体构造与工况见表 6-7。

表 6-7　相变墙体传热特性影响因素分析的计算墙体

计算方案	墙体序号	墙体构造(外侧相变墙体)	计算工况
相变墙体传热特性的影响因素	计算墙体 4	相变材料层厚度为 20 mm,相变焓值为 75.1 J/g,相变温度为 14 ℃	外侧温度为外侧相变墙体逐时温度,内侧恒定 17 ℃
	计算墙体 5	相变材料层厚度为 20 mm,相变焓值为 75.1 J/g,相变温度为 15 ℃	
	计算墙体 6	相变材料层厚度为 20 mm,相变焓值为 75.1 J/g,相变温度为 16 ℃	
	计算墙体 7	相变材料层厚度为 20 mm,相变焓值为 75.1 J/g,相变温度为 17 ℃	
	计算墙体 8	相变材料层厚度为 20 mm,相变焓值为 75.1 J/g,相变温度为 18 ℃	
	计算墙体 9	相变材料层厚度为 20 mm,相变焓值为 150 J/g,相变温度为 14 ℃	
	计算墙体 10	相变材料层厚度为 20 mm,相变焓值为 225 J/g,相变温度为 14 ℃	
	计算墙体 11	相变材料层厚度为 10 mm,相变焓值为 75.1 J/g,相变温度为 14 ℃	
	计算墙体 12	相变材料层厚度为 30 mm,相变焓值为 75.1 J/g,相变温度为 14 ℃	
	计算墙体 13	相变材料层厚度为 40 mm,相变焓值为 75.1 J/g,相变温度为 14 ℃	

6.2.1.2　墙体物理模型

根据墙体构造和材料组成,利用 ANSYS 软件建立墙体物理模型,相变墙体主要包括普通砂浆层、基层墙体、相变砂浆层,其结构组成部分如图 6-13 所示。

在相变墙体中,分别定义相变砂浆层位置为 $x_{\mathrm{pm},i1}$ 至 $x_{\mathrm{pm},i2}$,基层墙体位置为 $x_{\mathrm{bw},i1}$ 至 $x_{\mathrm{bw},i2}$,普通砂浆层位置为 $x_{\mathrm{mor},i1}$ 至 $x_{\mathrm{mor},i2}$,$i=1,2,\cdots,n$。根据相变墙体的组成,分别选择不同层数和厚度的构造部分,进行不同形式的组合。

在 ANSYS 数值模拟中,相变墙体无法把工程实际因素全部考虑进去,因此,在保证模拟计算精度的前提下,对相变墙体进行一定简化,做出以下假定:

(1) 墙体为多层结构,每层之间紧密结合,无接触热阻。

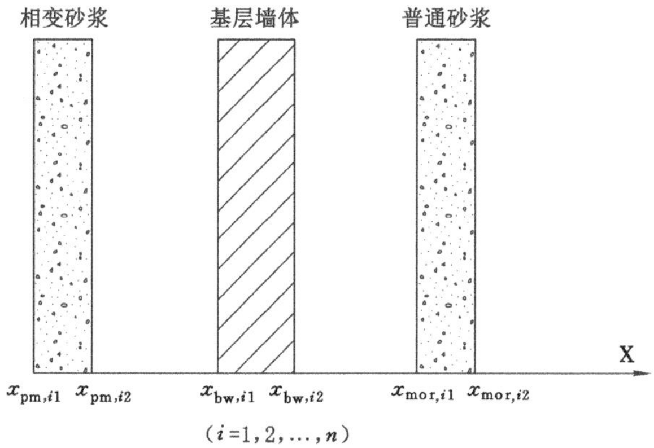

图 6-13 相变墙体组成示意图

(2) 墙体构成层均为均质材料,具有各向同性。

(3) 室内侧对流换热系数为恒定值,只考虑对流换热,无设备散热的影响,即无内扰因素。

(4) 当相变材料熔化为液体时不考虑其自然对流作用。

(5) 室外侧对流换热系数为恒定值。

(6) 不考虑相变砂浆层的不均匀性,墙体中相变层认为是具有一定厚度各向同性的纯相变板。

6.2.1.3 墙体数学模型

根据常用相变墙体的构造形式,分为外侧相变墙体、夹心相变墙体、内侧相变墙体三种。相变墙体在传热过程中,主要包括相变砂浆层的相变吸放热、相变砂浆层内部导热以及基层墙体和普通砂浆层的内部导热过程[67]。对于相变砂浆层传热过程采用焓法方程进行解析,墙体和普通砂浆内部传热采用导热方程进行模拟计算。

(1) 外侧相变墙体

当相变墙体为外侧相变墙体时,$x_{pm,11}=0$,$x_{pm,12}=x_{bw,11}$,$x_{bw,12}=x_{mor,11}$,墙体由外到内分为三层,分别定义相变砂浆层、基层墙体层、内抹面砂浆层,其温度分别为 T_1,T_2,T_3,其控制方程为能量方程。

当 $0<x<x_{pm,11}$ 时,为相变砂浆层,此时采用下式:

$$\rho_{pm}\frac{\partial H_{pm}}{\partial \tau}=\lambda_{pm}\frac{\partial^2 T_1}{\partial x^2} \tag{6-16}$$

式中 ρ_{pm}——相变砂浆的密度,kg/m^3;

H_{pm}——相变砂浆的焓值，kg/kg；

λ_{pm}——相变砂浆的导热系数，W/(m·K)。

当 $x_{pm,12}=x_{bw,11}<x<x_{bw,12}=x_{mor,11}$ 时，为基层墙体层，此时采用下式：

$$\rho_{bw}c_{bw}\frac{\partial T_2}{\partial \tau}=\lambda_{bw}\frac{\partial^2 T_2}{\partial x^2} \tag{6-17}$$

式中 ρ_{bw}——基层墙体的密度，kg/m³；

c_{bw}——基层墙体的比热，kJ/(kg·K)；

λ_{bw}——基层墙体的导热系数，W/(m·K)。

当 $x_{bw,12}=x_{mor,11}<x<x_{mor,12}$ 时，为普通砂浆层，此时采用下式：

$$\rho_{mor}c_{mor}\frac{\partial T_3}{\partial \tau}=\lambda_{mor}\frac{\partial^2 T_3}{\partial x^2} \tag{6-18}$$

式中 ρ_{mor}——普遍砂浆的密度，kg/m³；

c_{mor}——普通砂浆的比热，kJ/(kg·K)；

λ_{mor}——普通砂浆导热系数，W/(m·K)。

数值计算边界条件设置：

当 $x=0$ 时，墙体与室外空气的传热方式为墙体外表面与室外空气的对流换热作用，室外空气综合温度考虑太阳辐射与室外空气温度，即：

$$-\lambda_{pm}\left(\frac{\partial T_1}{\partial n}\right)_{x=0}=H_{pm}(t_2-t_1)_{x=0} \tag{6-19}$$

式中 t_2——室外空气综合温度，℃；

t_1——墙体外表面温度，℃；

H_{pm}——空气与相变砂浆层对流换热系数，W/(m²·K)。

当 $x=x_{bw,11}$ 时，忽略相变砂浆与基层墙体的接触热阻，即：

$$-\lambda_{pm}\left(\frac{\partial T_1}{\partial n}\right)_{x=x_{bw,11}}=-\lambda_{bw}\left(\frac{\partial T_2}{\partial n}\right)_{x=x_{bw,11}} \tag{6-20}$$

当 $x=x_{mor,11}$ 时，忽略基层墙体与内侧抹面砂浆的接触热阻，即：

$$-\lambda_{bw}\left(\frac{\partial T_2}{\partial n}\right)_{x=x_{mor,11}}=-\lambda_{mor}\left(\frac{\partial T_3}{\partial n}\right)_{x=x_{mor,11}} \tag{6-21}$$

当 $x=x_{mor,12}$ 时，墙体与室内空气的传热方式为墙体内表面与室内空气的对流换热作用，室内空气温度为 t_{ina}，即：

$$-\lambda_{mor}\left(\frac{\partial T_3}{\partial n}\right)_{x=x_{mor,12}}=H_{mor}(t_3-t_{ina})_{x=x_{mor,12}} \tag{6-22}$$

式中 t_3——墙体内表面温度，℃；

t_{ina}——室内空气温度，℃；

H_{mor}——空气与普通砂浆层对流换热系数,W/(m^2 · K)。

(2) 夹心相变墙体

当相变墙体为夹心相变墙体时,$x_{mor,11}=0$,$x_{mor,12}=x_{bw,11}$,$x_{bw,12}=x_{pm,11}$,$x_{pm,12}=x_{bw,21}$,$x_{bw,22}=x_{mor,21}$,墙体由外到内分为 5 层,分别定义外砂浆抹面层、外基层墙体层、夹心相变砂浆层、内基层墙体层、内抹面砂浆层,其温度分别为 T_1,T_2,T_3,T_4,T_5,其控制方程为能量方程。

当 $0<x<x_{mor,11}$ 时,为外侧普通砂浆抹面层,此时采用下式:

$$\rho_{mor}c_{mor}\frac{\partial T_1}{\partial \tau}=\lambda_{mor}\frac{\partial^2 T_1}{\partial x^2} \tag{6-23}$$

当 $x_{mor,12}=x_{bw,11}<x<x_{bw,12}=x_{pm,11}$ 时,为外侧基层墙体层,此时采用下式:

$$\rho_{bw}c_{bw}\frac{\partial T_2}{\partial \tau}=\lambda_{bw}\frac{\partial^2 T_2}{\partial x^2} \tag{6-24}$$

当 $x_{bw,12}=x_{pm,11}<x<x_{pm,12}=x_{bw,21}$ 时,为夹心相变砂浆层,此时采用下式:

$$\rho_{pm}\frac{\partial H_{pm}}{\partial \tau}=\lambda_{pm}\frac{\partial^2 T_3}{\partial x^2} \tag{6-25}$$

当 $x_{pm,12}=x_{bw,21}<x<x_{bw,22}=x_{mor,21}$ 时,为内侧基层墙体层,此时采用下式:

$$\rho_{bw}c_{bw}\frac{\partial T_4}{\partial \tau}=\lambda_{bw}\frac{\partial^2 T_4}{\partial x^2} \tag{6-26}$$

当 $x_{bw,22}=x_{mor,21}<x<x_{mor,22}$ 时,为内侧普通砂浆抹面层,此时采用下式:

$$\rho_{mor}c_{mor}\frac{\partial T_5}{\partial \tau}=\lambda_{mor}\frac{\partial^2 T_5}{\partial x^2} \tag{6-27}$$

数值计算边界条件设置:

当 $x=0$ 时,墙体与室外空气的传热方式为墙体外表面与室外空气的对流换热作用,室外空气综合温度考虑太阳辐射与室外空气温度,即:

$$-\lambda_{mor}\left(\frac{\partial T_1}{\partial n}\right)_{x=0}=H_{mor}(t_2-t_1)_{x=0} \tag{6-28}$$

当 $x=x_{bw,11}$ 时,忽略外抹面砂浆与基层墙体的接触热阻,即:

$$-\lambda_{mor}\left(\frac{\partial T_1}{\partial n}\right)_{x=x_{bw,11}}=-\lambda_{bw}\left(\frac{\partial T_2}{\partial n}\right)_{x=x_{bw,11}} \tag{6-29}$$

当 $x=x_{pm,11}$ 时,忽略基层墙体与夹心相变砂浆的接触热阻,即:

$$-\lambda_{bw}\left(\frac{\partial T_2}{\partial n}\right)_{x=x_{pm,11}}=-\lambda_{pm}\left(\frac{\partial T_3}{\partial n}\right)_{x=x_{pm,11}} \tag{6-30}$$

当 $x=x_{bw,21}$ 时，忽略夹心相变砂浆与内基层墙体的接触热阻，即：

$$-\lambda_{pm}\left(\frac{\partial T_3}{\partial n}\right)_{x=x_{bw,21}}=-\lambda_{bw}\left(\frac{\partial T_4}{\partial n}\right)_{x=x_{bw,21}} \tag{6-31}$$

当 $x=x_{mor,21}$ 时，忽略内基层墙体与内抹面砂浆的接触热阻，即：

$$-\lambda_{bw}\left(\frac{\partial T_4}{\partial n}\right)_{x=x_{mor,21}}=-\lambda_{mor}\left(\frac{\partial T_5}{\partial n}\right)_{x=x_{mor,21}} \tag{6-32}$$

当 $x=x_{mor,22}$ 时，墙体与室内空气的传热方式为墙体内表面与室内空气的对流换热作用，室内空气温度为 t_{ina}，即：

$$-\lambda_{mor}\left(\frac{\partial T_5}{\partial n}\right)_{x=x_{mor,22}}=H_{mor}(t_5-t_{ina})_{x=x_{mor,22}} \tag{6-33}$$

（3）内侧相变墙体

当相变墙体为内侧相变墙体时，$x_{mor,11}=0$，$x_{mor,12}=x_{bw,11}$，$x_{bw,12}=x_{pm,11}$，墙体由外到内分为三层，分别定义外抹面砂浆层、基层墙体层、相变砂浆层的温度为 T_1，T_2，T_3，其控制方程为能量方程。

当 $0<x<x_{mor,11}$ 时，为普通砂浆抹面层，此时采用下式：

$$\rho_{mor}c_{mor}\frac{\partial T_1}{\partial \tau}=\lambda_{mor}\frac{\partial^2 T_1}{\partial x^2} \tag{6-34}$$

当 $x_{mor,12}=x_{bw,11}<x<x_{bw,12}=x_{pm,11}$ 时，为基层墙体层，此时采用下式：

$$\rho_{bw}c_{bw}\frac{\partial T_2}{\partial \tau}=\lambda_{bw}\frac{\partial^2 T_2}{\partial x^2} \tag{6-35}$$

当 $x_{bw,12}=x_{pm,11}<x<x_{pm,12}=x_{bw,21}$ 时，为相变砂浆层，此时采用下式：

$$\rho_{pm}\frac{\partial H_{pm}}{\partial \tau}=\lambda_{pm}\frac{\partial^2 T_3}{\partial x^2} \tag{6-36}$$

数值计算边界条件设置：

当 $x=0$ 时，墙体与室外空气的传热方式为墙体外表面与室外空气的对流换热作用，室外空气综合温度考虑太阳辐射与室外空气温度，即：

$$-\lambda_{mor}\left(\frac{\partial T_1}{\partial n}\right)_{x=0}=H_{mor}(t_2-t_1)_{x=0} \tag{6-37}$$

当 $x=x_{bw,11}$ 时，忽略相变砂浆与基层墙体的接触热阻，即：

$$-\lambda_{mor}\left(\frac{\partial T_1}{\partial n}\right)_{x=x_{bw,11}}=-\lambda_{bw}\left(\frac{\partial T_2}{\partial n}\right)_{x=x_{bw,11}} \tag{6-38}$$

当 $x=x_{pm,11}$ 时，忽略基层墙体与内侧抹面砂浆的接触热阻，即：

$$-\lambda_{bw}\left(\frac{\partial T_2}{\partial n}\right)_{x=x_{pm,11}}=-\lambda_{pm}\left(\frac{\partial T_3}{\partial n}\right)_{x=x_{pm,11}} \tag{6-39}$$

当 $x = x_{pm,12}$ 时，墙体与室内空气的传热方式为墙体内表面与室内空气的对流换热作用，室内空气温度为 t_{ina}，即：

$$-\lambda_{pm}\left(\frac{\partial T_3}{\partial n}\right)_{x=x_{pm,12}} = H_{mor}(t_3 - t_{ina})_{x=x_{pm,12}} \tag{6-40}$$

6.2.2　墙体传热数值模拟计算过程

6.2.2.1　墙体构造与热物性参数

本数值模拟选择的相变墙体具体构造如下：

(1) 外侧相变墙体：三层结构，由外到内分别为 20 mm 相变砂浆层，240 mm 煤矸石烧结多孔砖墙，20 mm 水泥砂浆层。

(2) 夹心相变墙体：五层结构，由外到内分别为 10 mm 水泥砂浆层，120 mm 煤矸石烧结多孔砖墙，20 mm 相变砂浆层，120 mm 煤矸石烧结多孔砖墙，10 mm 水泥砂浆层。

(3) 内侧相变墙体：三层结构，由外到内分别为 20 mm 水泥砂浆层，240 mm 煤矸石烧结多孔砖墙，20 mm 相变砂浆层。

墙体模型的材料物性参数根据规范与试验测试结果选取，见表 6-8。

表 6-8　材料物性参数表

材料	相变砂浆	基层墙体	普通砂浆
密度/(kg/m^3)	1 600	1 400	1 800
导热系数/[W/(m·K)]	0.74	0.58	0.93
蓄热系数/[W/(m^2·K)]	—	7.92	11.37
比热容/[J/(kg·K)]	—	1 050	1 050

6.2.2.2　初始与边界条件

(1) 相变墙体传热特性分析

为了准确地分析墙体的传热特性，根据墙体温度衰减与延迟时间计算方法，室外侧温度设定为墙体传热试验测试的墙体外侧逐时温度，室内侧设定为恒定温度。

室外侧温度使用 TABLE 功能定义离散型温度参数，加载温度如图 6-14 所示，室外侧对流换热系数为 23 W/(m^2·K)。

室内侧温度加载恒定温度为 18 ℃；室内侧对流换热系数为 8.7 W/(m^2·K)。

(2) 相变墙体传热特性影响因素分析

室外侧温度使用 TABLE 功能定义离散型温度参数，加载温度如图 6-14 所示，室外侧对流换热系数为 23 W/(m^2·K)。

室内侧温度加载恒定温度为 18 ℃；室内侧对流换热系数为 8.7 W/(m^2·K)。

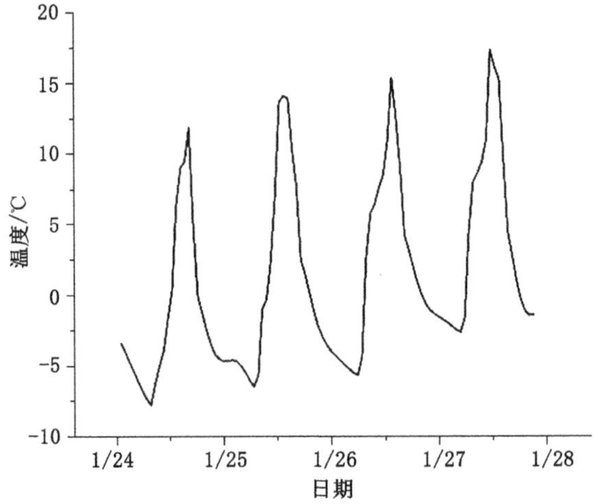

图 6-14　加载温度(南墙综合温度)

6.2.2.3　网格划分与时间步长

(1) 网格划分

本模拟相变墙体的网格划分与 6.1.2.3 节相同，网格精度为 0.01。

(2) 时间步长

本模拟共计 4 天时间，总计时长为 345 600 s，计算时间步长设置为 600 s，设置完毕后进行求解计算，选取模拟计算结果稳定后的数据进行综合分析。

6.2.3　相变墙体传热特性

墙体的保温性能主要体现在建筑墙体在冬季室外热扰动作用下的保温特性，通常采用墙体内表面温度、对温度波的衰减和延迟特性来表征。

在相变墙体传热过程试验测试中，由于存在墙体内外侧温度控制不稳定、测试设备测量误差等问题，不能将三种相变墙体的测试结果进行直接对比分析。因此，要对比三种不同相变墙体的传热特性，必须在完全相同的边界条件下对三种不同构造相变墙体和普通墙体进行模拟计算，对比分析相变墙体的传热特性。

在相同的工况和墙体厚度条件下，仅改变相变砂浆层位置，墙体内部温度分布规律均有所不同。本研究对不同墙体的内、外表面温度和热流密度进行对比，墙体内、外表面温度模拟计算结果见表 6-9，墙体内表面温度对比图如图 6-15 所示。

表 6-9 墙体内、外表面温度模拟计算结果

墙体构造	外侧空气温度/℃		墙体外表面温度/℃		墙体内表面温度/℃	
	最高	最低	最高	最低	最高	最低
普通墙体(外侧)	17.32	−7.80	14.14	−4.96	15.81	14.05
外侧相变墙体			14.17	−5.02	15.82	14.09
普通墙体(夹心)			14.24	−4.99	15.79	14.07
夹心相变墙体			14.24	−5.01	15.81	14.10
普通墙体(内侧)			14.14	−4.96	15.81	14.05
内侧相变墙体			14.11	−4.99	14.93	14.40

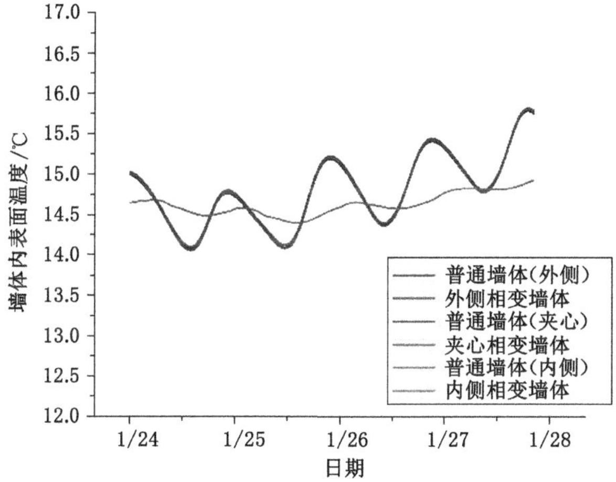

图 6-15 墙体内表面温度对比

墙体内表面热流密度模拟计算结果见表 6-10 及图 6-16 所示。

表 6-10 墙体内表面热流密度模拟计算结果

墙体构造	内外表面温差平均值/℃	内表面热流密度平均值/(W/m²)
普通墙体(外侧)	12.43	28.07
外侧相变墙体	12.46	27.83
普通墙体(夹心)	12.46	28.09

表 6-10(续)

墙体构造	内外表面温差平均值/℃	内表面热流密度平均值/(W/m^2)
夹心相变墙体	12.46	27.83
普通墙体(内侧)	12.43	28.07
内侧相变墙体	12.30	29.36

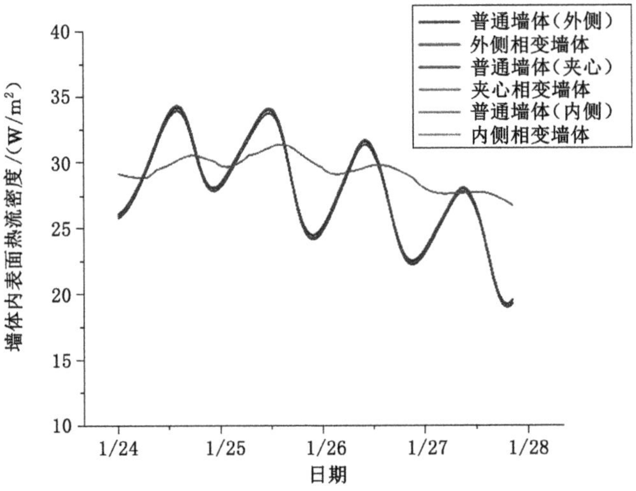

图 6-16 墙体内表面热流密度对比

根据模拟计算结果,三种不同构造的相变墙体模拟工况完全一致,墙体外表面最高温度为 14.11～14.24 ℃,最低温度为－5.02～－4.96 ℃;墙体内表面最高温度为 14.93～15.82 ℃,最低温度为 14.05～14.40 ℃;墙体内表面热流密度平均值在 27.83～29.36 W/m^2 波动。

6.2.3.1 温度分布规律

根据模拟计算与试验测试结果,相变材料位置对相变墙体传热特性具有较大影响,不同构造的相变墙体温度分布规律具有一定的差异。

(1) 外侧相变墙体

普通墙体外表面温度在－4.96～14.14 ℃波动,相变墙体在－5.02～14.17 ℃波动;普通墙体内表面温度在 14.05～15.81 ℃波动,相变墙体在 14.09～15.82 ℃波动,最低温度升高了 0.04 ℃。对比墙体各节点处温度,相变墙体最高温度和最低温度虽有所变化,但幅度很小,说明外侧相变墙体对于有效升高墙体内表面温度作用很小,保温性能也并未显著提升。

(2) 夹心相变墙体

普通墙体外表面温度在−4.99～14.24 ℃波动,夹心相变墙体外表面温度在−5.01～14.24 ℃波动;普通墙体内侧表面温度在14.07～15.79 ℃波动,夹心相变墙体在14.10～15.81 ℃波动,最低温度升高了约0.03 ℃。对比墙体各节点处温度,相变墙体最高温度和最低温度虽有所变化,但幅度很小,说明夹心相变墙体对于有效升高墙体内表面温度作用较外侧相变墙体要好,保温性能较外侧相变墙体好。

(3) 内侧相变墙体

普通墙体外表面温度在−4.96～14.14 ℃波动,内侧相变墙体在−4.99～14.11 ℃波动,温度基本相同;普通墙体内侧表面温度在14.05～15.81 ℃波动,相变墙体温度在14.40～14.93 ℃波动,最低温度升高了0.35 ℃。将相变材料置于墙体内侧时,相变材料直接作用于内部空气,墙体内表面最低温度提升明显,达到了0.35 ℃,同时,内侧相变墙体内表面温度的波幅也明显降低,说明内侧相变墙体对室内温度的调节作用明显,环境空气温度波动小。

6.2.3.2 衰减倍数与延迟时间

墙体传热是一个非常复杂的非稳态传热过程,与墙体结构和材料组成具有重要的关系。衰减倍数和延迟时间是体现建筑墙体隔热性能特征的基本指标,主要影响墙体内表面温度的波幅大小和峰值出现的时间,与墙体结构材料的热物性和构造形式有关,可以通过墙体传热过程模拟结果进行计算[68-69]。

衰减倍数 ν 是交变温度波在墙体传递过程中波幅的衰减率,其计算公式为:

$$\nu = \frac{\Theta_e}{\Theta_i} \tag{6-41}$$

式中 Θ_e——室外综合温度波幅,K;

Θ_i——墙体内表面温度波幅,K。

延迟时间 t_{lag} 是建筑墙体内表面温度谐波最高值(或最低值)出现时间与墙体外表面空气综合温度最高值(或最低值)出现的时间差。

衰减倍数和延迟时间计算结果见表6-11。

表6-11 不同构造墙体衰减倍数与延迟时间计算结果

墙体构造	外表面温度波幅/℃	内表面温度波幅/℃	衰减倍数	延迟时间/h
普通墙体(外侧)	19.10	1.76	10.85	7.50
外侧相变墙体	19.19	1.73	11.09	7.50

表 6-11(续)

墙体构造	外表面温度波幅/℃	内表面温度波幅/℃	衰减倍数	延迟时间/h
普通墙体(夹心)	19.23	1.72	11.18	7.33
夹心相变墙体	19.25	1.71	11.26	7.33
普通墙体(内侧)	19.10	1.76	10.85	7.50
内侧相变墙体	19.10	0.53	36.04	10.83

(1) 外侧相变墙体

在相同的模拟工况下,普通墙体(外侧)衰减倍数为 10.85,外侧相变墙体衰减倍数为 11.09,提高了约 2.2%;普通墙体(外侧)温度延迟时间约为 7.50 h,外侧相变墙体温度延迟时间也为 7.50 h,温度延迟时间无变化。

(2) 夹心相变墙体

在相同的模拟工况下,普通墙体(夹心)衰减倍数为 11.18,夹心相变墙体衰减倍数为 11.26,提高了约 0.7%;普通墙体(夹心)温度延迟时间约为 7.33 h,夹心相变墙体温度延迟时间约为 7.33 h,温度延迟时间无变化。

(3) 内侧相变墙体

在相同的模拟工况下,普通墙体(内侧)衰减倍数为 10.85,内侧相变墙体衰减倍数为 36.04,提高了约 232.2%;普通墙体(内侧)温度延迟时间约为 7.50 h,内侧相变墙体温度延迟时间约为 10.83 h,温度延迟时间增加了约 3.33 h。

6.2.3.3 平均传热系数

传热系数是表征墙体传热特性的重要指标。在稳态传热状态下,可以采用内表面热流密度进行传热系数计算;而在非稳定传热状态下,平均传热系数应采用算术平均法进行计算,热流密度值为双面热流密度平均值。

墙体平均传热系数按式(6-42)至式(6-44)进行计算。

$$K' = \frac{\bar{q}}{\Delta t} \tag{6-42}$$

$$\overline{\Delta t} = \frac{\sum_{n=1}^{k}(t_{\mathrm{r}} - t_{\mathrm{e}})_n}{k} \tag{6-43}$$

$$\bar{q} = \frac{\sum_{n=1}^{k}[(q_{\mathrm{r}} - q_{\mathrm{e}})/2]_n}{k} \tag{6-44}$$

式中 K'——采用算术平均法计算的平均传热系数,W/(m² · K);

t_r——墙体内表面温度值,℃；

t_e——墙体外表面温度值,℃；

$\overline{q}$——墙体内外表面温度平均值,℃；

$\overline{\Delta t}$——墙体内外温差平均值,℃；

q_r——墙体内表面热流密度值,W/m^2；

q_e——墙体外表面热流密度值,W/m^2；

k——时间跨度。

根据数值模拟计算结果计算不同相变墙体平均传热系数,计算结果见表 6-12。

表 6-12　不同构造墙体平均传热系数计算结果

墙体构造	内外表面温差平均值/℃	内外表面热流密度平均值/(W/m^2)	平均传热系数/[$W/(m^2\cdot K)$]
普通墙体(外侧)	12.43	10.77	0.87
外侧相变墙体	12.46	10.89	0.87
普通墙体(夹心)	12.43	9.71	0.78
夹心相变墙体	12.46	9.82	0.79
普通墙体(内侧)	12.43	10.77	0.87
内侧相变墙体	12.30	10.02	0.81

(1) 外侧相变墙体

根据计算结果,普通墙体(外侧)内外温差平均值为 12.43 ℃,内外表面平均热流密度为 10.77 W/m^2,平均传热系数为 0.87 $W/(m^2\cdot K)$;外侧相变墙体内外温差平均值为 12.46 ℃,内外表面平均热流密度为 10.89 W/m^2,平均传热系数为 0.87 $W/(m^2\cdot K)$。外侧相变墙体平均传热系数与普通墙体(外侧)基本一致。

(2) 夹心相变墙体

根据计算结果,普通墙体(夹心)内外温差平均值 12.43 ℃,内外表面平均热流密度为 9.71 W/m^2,平均传热系数为 0.78 $W/(m^2\cdot K)$;夹心相变墙体内外温差平均值为 12.46 ℃,内外表面平均热流密度为 9.82 W/m^2,平均传热系数为 0.79 $W/(m^2\cdot K)$。夹心相变墙体平均传热系数比普通墙体(夹心)提高了 1.3%。

(3) 内侧相变墙体

根据计算结果,普通墙体(内侧)内外温差平均值为 12.43 ℃,内外表面平均热流密度为 10.77 W/m^2，平均传热系数为 0.87 W/(m^2 · K)；内侧相变墙体内外温差平均值为 12.30 ℃，内外表面平均热流密度为 10.02 W/m^2，平均传热系数为 0.81 W/(m^2 · K)。内侧相变墙体平均传热系数比普通墙体(内侧)降低了 6.9%。

6.2.3.4 墙体表面蓄热系数

表面蓄热系数是墙体热物理性能的重要指标，反映墙体结构对谐波作用热反应性能。墙体表面蓄热系数是接受谐波热作用的表面上接受的热流波幅 A_q 与其温度波幅 A_θ 的比值[70-71]：

$$S=\frac{A_q}{A_\theta} \tag{6-45}$$

式中 A_q——墙体表面热流波的振幅，W/m^2；

A_θ——墙体表面温度波的振幅，℃；

S——表面蓄热系数，W/(m^2 · K)。

根据模拟结果计算模拟墙体在周期性边界条件侧墙体表面热流的振幅，并根据式(6-45)计算墙体表面的蓄热系数，计算结果见表 6-13。

表 6-13 不同构造墙体表面蓄热系数计算结果

墙体类型	墙体表面热流密度振幅/(W/m^2)	墙体表面温度振幅/℃	表面蓄热系数/[W/(m^2 · K)]
普通墙体(外侧)	47.77	7.39	6.46
外侧相变墙体	44.87	7.42	6.05
普通墙体(夹心)	45.05	7.44	6.06
夹心相变墙体	45.17	7.45	6.06
普通墙体(内侧)	47.77	7.39	6.46
内侧相变墙体	47.87	7.40	6.47

根据计算结果可知，普通墙体(外侧)表面蓄热系数为 6.46 W/(m^2 · K)，外侧相变墙体为 6.05 W/(m^2 · K)，降低了 6.3%；普通墙体(夹心)表面蓄热系数为 6.06 W/(m^2 · K)，夹心相变墙体为 6.06 W/(m^2 · K)，无变化；普通墙体(夹心)表面蓄热系数为 6.46 W/(m^2 · K)，内侧相变墙体为 6.47 W/(m^2 · K)，提高了 0.2%。

研究结果表明，内侧相变墙体表面蓄热系数较大，抵抗温度波动能力较好，且内侧相变墙体传热系数较小，阻止热流和温度波透过的能力较强，具有良好的保温性能和储热性能。

对比三种构造相变墙体的模拟计算结果，不同构造的相变墙体传热特性具有较大的差异，相变材料的位置对墙体传热特性具有重要的影响。

内侧相变墙体在三种构造相变墙体中冬季保温性能最优。内侧相变墙体内表面最低温度提高了 0.35 ℃，平均传热系数降低了 6.9%；夹心相变墙体和外侧相变墙体的保温性能也有所提升，但性能提升很小，墙体内表面最高温度分别提高了 0.04 ℃、0.03 ℃；夹心相变墙体平均传热系数降低了 1.3%，外侧相变墙体平均传热系数与普通墙体基本一致，并未明显降低。

内侧相变墙体在三种构造相变墙体中的温度衰减作用最大。内侧相变墙体衰减倍数为 36.04，提高了约 232.2%，外侧与夹心相变墙体衰减倍数分别提高了约 2.2%、0.7%；内侧相变墙体温度延迟时间增加了约 3.33 h，外侧与夹心相变墙体温度延迟时间均无变化；内侧相变墙体内表面温度波幅仅为 0.53 ℃，相对普通墙体降低了 1.23 ℃。

6.2.4　相变墙体传热特性影响因素

墙体传热特性受材料性能参数的影响，一般包括材料干密度、导热系数、比热容、热阻、传热系数、蓄热系数、热惰性指标等[72-73]。而对于相变墙体来说，相变材料吸收和释放的热量直接影响相变墙体的传热性能，热量大小主要取决于材料的相变温度、相变焓值、相变材料数量（相变层厚度）。

6.2.4.1　墙体构造

综合对比外侧、夹心、内侧三种不同构造的相变墙体，由于相变层所处位置不同，墙体的温度分布规律和传热特性具有较大差异，内表面温度对比见表 6-14、传热特性相关参数对比见表 6-15。

表 6-14　不同构造相变墙体内表面温度对比

墙体构造	外侧空气温度/℃		墙体内表面温度/℃	
	最高	最低	最高	最低
外侧相变墙体	17.32	−7.80	15.82	14.09
夹心相变墙体			15.81	14.10
内侧相变墙体			14.93	14.40

表 6-15 不同构造相变墙体传热特性相关参数对比

墙体构造	衰减倍数	延迟时间/h	平均传热系数/[W/(m^2·K)]	表面蓄热系数/[W/(m^2·K)]
外侧相变墙体	11.09	7.50	0.87	6.05
夹心相变墙体	11.26	7.33	0.79	6.06
内侧相变墙体	36.04	10.83	0.81	6.47

综合对比三种不同相变墙体的墙体内表面温度和传热特性可知，将相变材料置于温度波动较大的外侧，由于室外温度较低，相变材料的吸放热功能未能充分体现，墙体的保温隔热性能提升不明显；而将相变材料置于室内环境处，可以有效提高墙体的衰减倍数和延迟时间，减小环境空气温度波动。

相变建筑冬季保温适宜墙体构造为内侧相变墙体，冬季保温性能最优，墙体内表面最低温度最高，平均传热系数提高幅度最大。

6.2.4.2 相变温度

根据前文的模拟计算结果可知，相变材料的相变温度对相变墙体的传热特性具有重要的影响，相变温度过高则相变材料长期处于固态，相变温度过低则相变材料长期处于液态，均不能起到相变吸热和放热作用。

为了更加准确地判定相变温度对墙体传热的影响，对相变材料层厚度为 20 mm，相变焓值为 75.1 J/g，相变温度分别为 14 ℃、15 ℃、16 ℃、17 ℃、18 ℃的相变砂浆墙体进行模拟计算，计算结果对比曲线如图 6-17 所示。

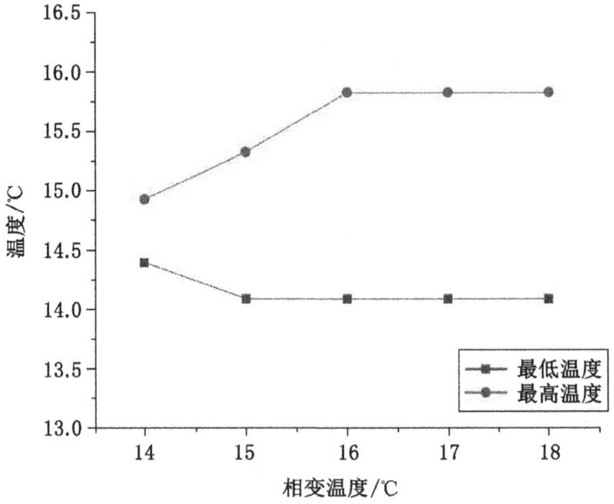

图 6-17 不同相变温度墙体各节点温度的影响曲线

根据模拟计算结果，墙体各节点温度总体与室外侧交变温度变化规律一致，但受相变材料吸收或释放热焓的影响，不同相变温度相变材料对墙体各节点的最高温度、最低温度、温度延迟时间均具有较大影响。

根据墙体外表面温度曲线可以看出，受相变潜热的影响，无论是在升温阶段还是降温阶段，相变材料在相变温度区间内均会带来温度的降低和时间延迟。在模拟工况下，14 ℃相变材料效果最好，有效提高了墙体内表面最低温度。如图 6-18(a)所示，由于受相变焓值的直接影响，相变砂浆与基层墙体交界面处温度受相变影响最大，根据墙体内表面温度模拟计算结果，14 ℃相变墙体内表面最高温度值最低，最低温度值最高，两者差距不明显，也就是室内温度波动幅度最小。

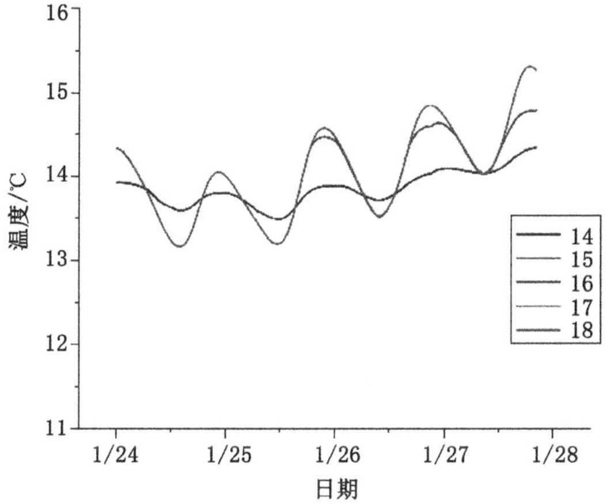

(a) 基层墙体与相变砂浆交界面温度对比

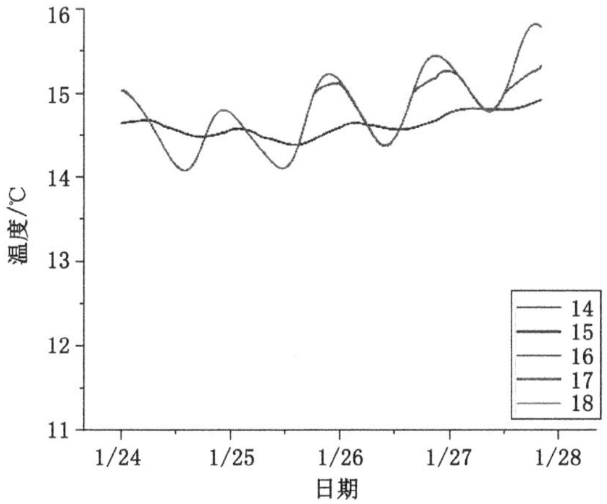

(b) 墙体内表面温度对比

图 6-18　不同相变温度对墙体内表面最高、最低温度的影响

如图 6-18(b)所示，对比不同相变温度墙体内表面的最高、最低温度可以看出，在模拟工况下，当相变温度为 14 ℃时，内表面最低温度值最高；当相变温度为 14 ℃时，内表面最高温度值最低。

根据研究结果，适宜的相变温度对墙体保温效果最佳，相变温度过高或过低都会带来墙体温度升高，造成冬季供热负荷的增加，不利于建筑节能。

6.2.4.3 相变焓值

为了更加准确地判定相变焓值对墙体传热的影响，对厚度为 20 mm，相变温度为 14 ℃，相变焓值分别为 75.1 J/g、150 J/g、225 J/g 的相变砂浆墙体进行模拟计算，计算结果对比曲线如图 6-19 所示。

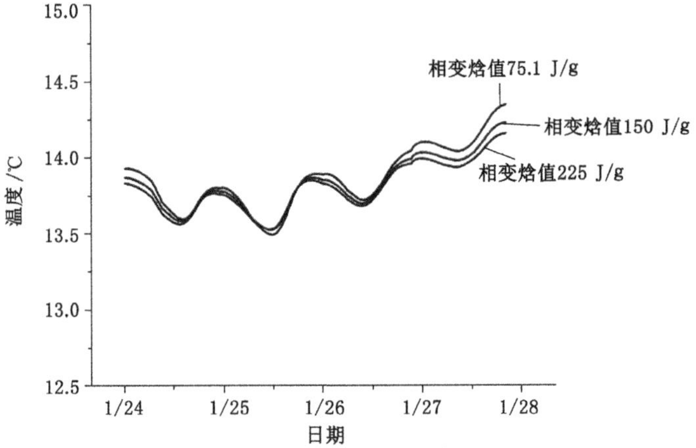

(a) 相变砂浆与墙体交界面温度

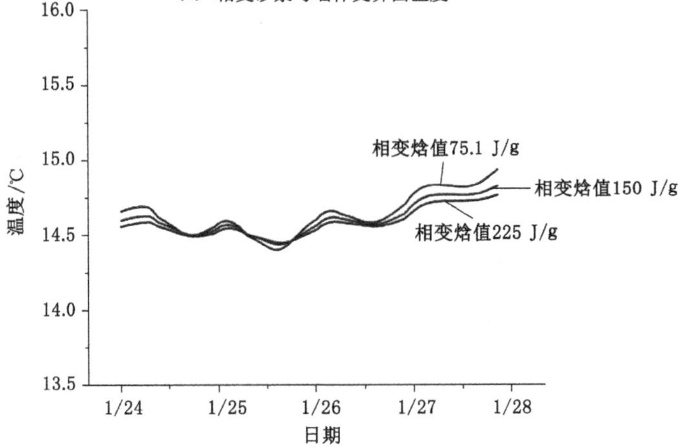

(b) 墙体内表面温度

图 6-19 不同相变焓值墙体各节点温度的影响曲线

根据墙体外表面温度曲线可以看出，受相变焓值变化的影响，相变墙体各节点的最高温度随着相变焓值的增大呈下降趋势，而最低温度呈缓慢升高趋势。从对比曲线可以看出，在相同的相变温度条件下，相变焓值越大，对于提升墙体最低温度影响较小，同时，随着相变焓值的增大墙体最高温度有所降低，对于建筑节能是不利的。

根据模拟计算结果，对比不同相变焓值的墙体内表面的最高、最低温度(图 6-20)可以看出，相变焓值在 150 J/g 以下时，墙体内表面最高温度急剧下降，而最低温度缓慢升高；当相变焓值达到 150 J/g 后，最高温度仍然呈下降趋势，而最低温度升高的趋势更加缓慢。

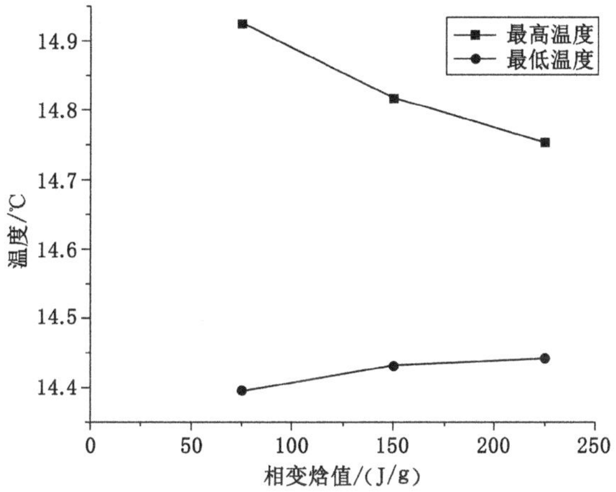

图 6-20　不同相变焓值对墙体内表面最高、最低温度的影响

从相变焓值对墙体内温度的影响曲线可以看出，在相变层厚度为 20 mm，相变温度为 14 ℃时，适宜相变焓值为 150 J/g。随着焓值的增大，墙体内表面最低温度随焓值的增大而升高，但当焓值大于 150 J/g 时，升高的趋势减缓，说明再继续增大相变材料的焓值，对墙体保温性能提升作用变小，降低了建筑的综合经济效益。

6.2.4.4　*相变层厚度*

为了更加准确地判定相变层厚度对墙体传热的影响，对相变温度为 14 ℃，相变焓值为 75.1 J/g，相变层厚度分别为 10 mm、20 mm、30 mm、40 mm 的相变砂浆墙体进行模拟计算，计算结果对比曲线如图 6-21 所示。

根据墙体外表面温度曲线可以看出，受相变层厚度变化的影响，相变墙体各节点的最低温度均不同。从对比曲线可以看出，墙体内表面的平均温度随相

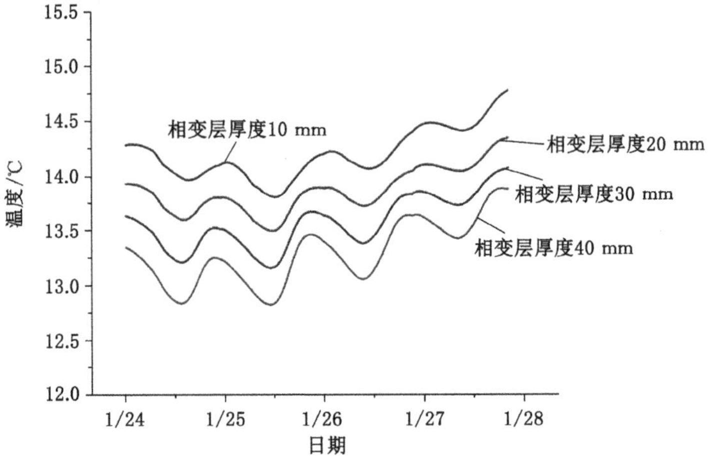

(a) 相变砂浆与墙体交界面温度

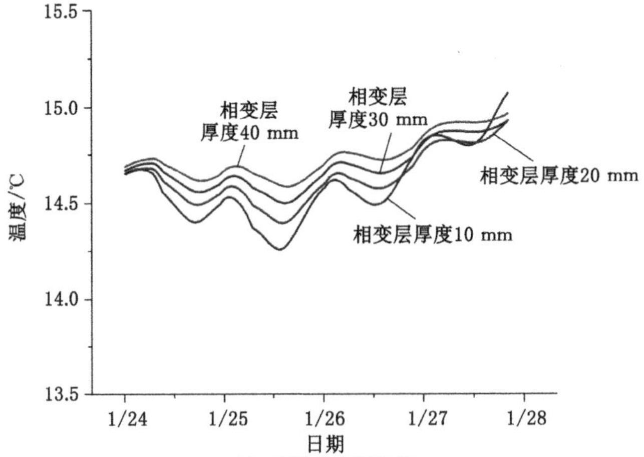

(b) 墙体内表面温度

图 6-21　不同相变层厚度墙体各节点温度的影响曲线

变层厚度的增大而提高，说明在相同的相变温度条件下，相变层厚度越大，对于提高墙体保温性能越有利。对比不同厚度墙体的温度延迟曲线，温度延迟时间随着相变层厚度的增大而增大。

对比不同相变层厚度的墙体内表面的最高、最低温度（图 6-22）可以看出，在模拟工况下，20 mm 内侧相变层为适宜相变层厚度。相变层厚度在 0～20 mm 时，墙体内表面最低温度急剧上升，但同时最高温度也在快速降低；当相变层厚度在 20～30 mm 时，墙体内表面最低温度上升趋势变缓，而最高温度趋于平稳趋势；当相变层厚度超过 30 mm 后，墙体内表面温度和外表面温度具有

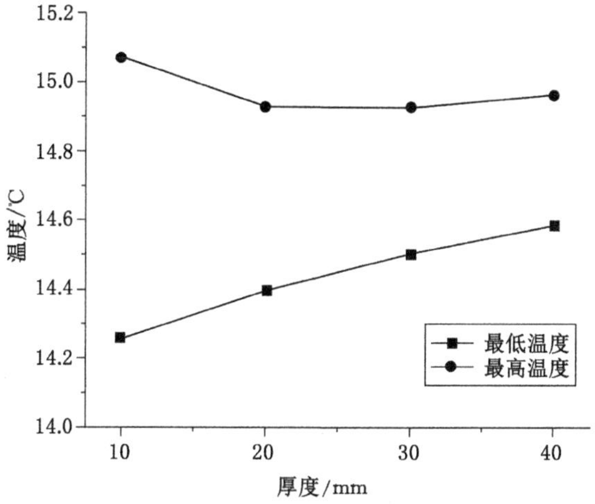

图 6-22 不同相变层厚度对墙体内表面最高、最低温度的影响

相同的变化规律，均为上升趋势。当相变层厚度达到 20 mm 时，墙体内表面平均温度变化趋于变缓；当相变层厚度超过 30 mm 时，墙体内表面温度逐渐趋于恒定，温度波动较小。由此可得，在相变温度为 14 ℃时，相变焓值为 75.1 J/g，内侧相变墙体的适宜相变层厚度为 20 mm，相变材料总焓值为 2 403 kJ/m^2。

因此，在相变材料应用于建筑墙体时，需要对相变层厚度进行计算和判定，当相变层达到一定厚度时，再继续增大相变层厚度将会使墙体施工困难和建造成本增大。

6.3 相变储能通风墙技术应用研究

6.3.1 相变储能通风墙技术应用背景

国家的发展，离不开能源与环境的保障。近年来，随着人们生活水平的提高，建筑能耗的占比越来越高。建筑的高能耗，不仅给能源供应带来了巨大压力，同时也带来了更多的污染排放问题。据统计，2008—2017 年期间，全世界的能源消耗量达 1 800.3 亿吨标准煤，同比增长了 25%。2019 年，中国的能源消耗量达 48.75 亿吨标准煤，2020 年中国的能源消耗量 49.80 亿吨标准煤[74]。据中国建筑节能协会能耗统计专委会的统计数据，2019 年，全国建筑全过程能耗总量为 22.33 亿吨标准煤，占全国能源消费总量的 45.8%；2000—2016 年，中国的建筑碳排放总量呈现出持续增长的趋势，从 2000 年的 6.68 亿吨增长到

2016 年近 20 亿吨的规模，增长了约 2 倍。其中，居住建筑的能耗占总建筑能耗的 61.47%[75-76]。习近平主席在 2020 年 9 月 22 日的联合国大会上郑重宣布了中国政府在减缓气候变化方面的战略部署：要在 2030 年之前实现碳排放达峰，力争 2060 年前实现碳中和。为实现“双碳”目标，国家《“十四五”建筑节能与绿色建筑发展规划》提出，“十四五”时期是落实“双碳”目标的关键时期；要聚焦达峰，降低排放；到 2025 年，城镇建筑可再生能源替代率达到 8%[5]。建筑节能减排刻不容缓。寻求可再生能源在建筑能耗上的应用，将对节约能源产生非常重要的意义。

在我国，太阳能资源非常丰富。太阳能以其自身的优势受到各国的青睐，其有着时间长久、清洁安全、普照大地、数量巨大等优点，但太阳能也存在自效率低、成本高、不稳定性、分散性等缺点。太阳能的利用基本上有以下几种方式：光-热转换利用、光-电转换利用、光-生物转换利用和光-化学转换利用几大类。其中，光-热转换利用是现今应用最广、成本最低、技术最好的；光-化学转换利用目前还处于初级阶段，大规模应用较少。

太阳能建筑是将太阳能蓄热与建筑一体化技术相结合的最好体现。太阳能建筑分为主动式太阳能建筑和被动式太阳能建筑两大类。主动式太阳能建筑通过使用常规能源，利用水泵或风机等动力设备，将热水或热空气从太阳能集热器输送到储热器或采暖房间内，系统中的各部分均可调节使之达到需要的室温；被动式太阳能建筑主要根据当地气候条件，调整建筑布局，恰当选择建筑材料和建筑构造，使房屋尽量利用太阳的直接辐射能，不需要安装太阳能集热器及循环动力设备，完全依靠建筑结构造成的吸热、隔热、保温、通风等特性，来达到冬暖夏凉的目的[77]。主动式太阳能建筑初期投资高，回收年限长，相比之下，被动式太阳能建筑太阳能利用比较充分，结构施工一次费用少，运行费用低，使用寿命与使用该系统的建筑物本身的运行使用寿命相当[78]，开发应用前景尤为广阔。

由于各个地区的气候存在较大差异，被动式太阳能建筑并没有统一的标准，已有的被动式太阳能建筑结构、功能各异，因此分类方法也不尽相同。从建筑结构方面来说可大致分为以下四类：直接受益式、附加阳光间式、屋顶集热蓄热式、Trombe 墙式[79]。其中，Trombe 墙式被动式太阳能建筑凭借其结构简单、操作便捷等优点，吸引了众多学者对其进行研究。

Trombe 墙是最早被提出的太阳能通风墙，是 1972 年法国设计师 Felix-Trombe 以自己名字命名的经典集热墙式被动式太阳能建筑[80]。Trombe 墙工作原理如图 6-23 所示，集热墙上下各设置一个风口，在集热墙体表面涂上高吸收率的涂料，墙体外侧为高透低反玻璃，玻璃盖板与蓄热墙体之间为空气夹层，白天上下风口打开，太阳辐射透过玻璃盖板被集热墙体表面吸收，墙体吸收的一部分热量通过导热传入室内，另一部分热量加热夹层空气，空气被加热上升，通过墙体上部风口进入室内，而室内的低温空气进入墙体下部风口再次被加热，如此循环达到供暖的目的；夜晚关闭上下风口，此时白天墙体内部储存的热量通过墙体内表面以辐射和对流的方式传给室内，由于空气夹层的隔热作用，还能有效阻止室内热量散失。

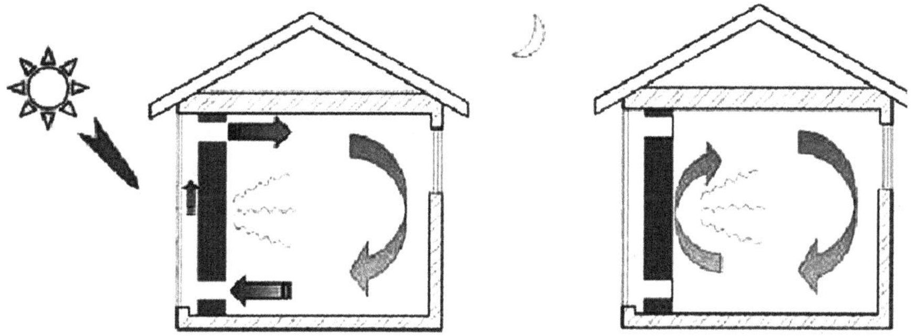

图 6-23　Trombe 墙工作原理图

虽然传统 Trombe 墙具有结构简单、系统效率高、运行成本低、操作简单等优点，但该技术也存在以下不足的地方：

(1) 在炎热的夏季会存在过热问题。与普通的建筑外墙相比，传统 Trombe 墙的蓄热内墙外表面布满黑色涂层，在炎热的夏季时，黑色涂层会吸收大量的太阳辐射，热量通过内墙的导热传递至室内，使得室内温度升高，室内热舒适性大幅降低。

(2) 冬季夜晚的热量损失较大[81]。冬季夜间墙体表面温度低于室内温度时，会形成反向的热虹吸现象，造成室内温度降低。此时应及时关闭墙体系统的所有风口，提高墙体的保温性能。

(3) 墙体系统的整体美观性不高[82]。蓄热内墙的外表面为黑色涂层，且玻璃盖板为透明材料，因此墙体系统从整体上看呈黑色，与其他建筑外观不协调。

(4) 墙体蓄热方式为被动得热[83]。传统 Trombe 墙为一种被动式太阳能供热系统，因此不能根据用户的需求对室内温度进行实时调节，难以达到居住者较高的热舒适要求。

此外，太阳辐射具有周期性变化和间歇性特点，故仅依靠太阳能通风墙向室内供热或从室内排热均难以满足室内热舒适性的要求。

如果把相变材料添加到建筑材料中构成太阳能相变储能通风墙，根据相变材料相变蓄放热特性，白天温度高时蓄热，减少室外传入室内的热量，夜晚温度低时释放白天储存的热量，减少房间温度波动，不但能提高房间的热舒适性，而且相变潜热比显热大很多，蓄存同样多的热量，相变蓄热所需蓄热体更小。因此相变材料储能技术与太阳能通风墙技术相结合，对建筑用能结构转型及节能减排具有非常重大的意义[84]。

6.3.2 Trombe 墙应用研究

Trombe 墙设置于南墙，是一种典型的集热-蓄热式被动太阳房形式，能有效加强自然通风，改善室内环境。该系统由以下几部分组成：玻璃盖板、带有选择性表面涂层的金属板、空气流道以及室内侧的上下风口。工作原理为表面涂黑的吸热板在冬季白天大量吸收太阳辐射并使得自身温度迅速升高，空气流道中的空气与吸热板换热后温度亦升高。由于冬季白天风口打开，基于热虹吸效应流道与室内的空气形成循环流动，从而把吸热板吸收的能量带入室内。而冬季夜晚风口关闭，外流道的静止空气起到了保温热防护的作用[85]。

针对 Trombe 墙的应用及热效率方面，国内外已有很多学者进行研究。

为解决 Trombe 墙冬季热损失和夏季过热问题，Hu 等[86-87]采用通风百叶窗，一侧涂吸波材料，吸收了大量壁面的散热量，加热了通过的空气，另一侧涂反光材料，反射了夏季入射的太阳辐射，减少了夏季过热的影响。

Yu 等[88-91]分别提出了与光催化、热催化及光热一体催化相结合的 Trombe 墙体系统，此类系统不仅可以在冬季给室内空气加热，还可以通过催化剂的使用降低室内甲醛等污染物的浓度。

Chen 等[92]提出了两种带有多孔吸收材料的 Trombe 墙体，并分别对其性能进行模拟分析，结果证明材料的颗粒大小、孔隙率、导热系数及使用位置等都会明显地影响系统的总体性能。

Bellos 等[93]提出一种具有附加窗户的新型 Trombe 墙结构，并对该结构对室内温度的影响进行了分析，结果表明这种 Trombe 墙能创造更温暖的室内环境。

Liu 等[94]提出使用自动通风管可以显著改善房间的室内气候。具体来说，在日出后 2～3 h 打开通风管，在日落前 1 h 关闭通风管效果最佳。

Rabani 等[95]提出增加通风开口有助于对抗夏季房间过热。

Ghazali 等[96]研究了一种光伏 Trombe 墙，将光伏组件置于通风腔或墙体结构上，可以将太阳辐射转化为电能和热能。但根据 Grinkrug 等[97]的研究结果，该类墙体光伏系统的初期投入和运行成本较大，回收期超过了设备运行寿命。

6.3.3 相变材料在太阳能通风墙中的应用研究

国内外许多学者通过数值模拟和实验研究了使用 PCMs 改善 Trombe 墙的优点。

Chaichan 等[98]在巴格达的冬季进行了试验研究，选用石蜡作为相变材料(PCM)，熔化温度为 45 ℃，研究表明，PCM 的使用使得 Trombe 墙的热效率得到了提高，石蜡可以有效地发挥一种 PCM 在优化 Trombe 墙体性能方面的作用。

Liu 等[99]采用 $Na_2CO_3 \cdot 10H_2O$ 作为相变材料(PCM)，研究了 PCM 厚度变化对空气间隙对应的热图、气流速度、获得的热量和速度分布的影响。研究结果表明，随着相变材料的熔化，温度持续升高到最高值近 10 h。当加热开始时，空气的平均速度、空气的流量和获得的热量迅速增加到一个极限，直到 PCM 厚度为 20 mm 时，每个参数达到最大值。

Oluah 等[100]采用熵权法和 TOPSIS 法，考虑焓、导热系数、密度和成本四个参数，通过对 11 种熔化温度从 18 ℃到 28 ℃不等的 PCM 的比较分析，研究了最佳 Trombe 墙体性能的 PCM 的选择。结果表明，导热系数的权重最高，为 72.12%。此外，他们认为，癸酸和棕榈酸共晶混合物的性能最好。

Khalifa 等[101]通过将两种 PCM：水合盐($CaCl_2 \cdot 6H_2O$)和石蜡(正二十烷)封闭在铜胶囊中，对伊拉克被动 Trombe 墙上的热舒适性进行了数值分析。研究表明，与 0.02 m 混凝土墙和 0.05 m 石蜡墙相比，0.08 m 水合盐墙室温变化最小，水合盐墙对应的室温变化范围为 18～22 ℃，其他两类壁面对应的室温变化范围为 15～25 ℃。在该地区优先推荐使用水合盐墙进行被动太阳能采暖。

Chaichan 等[102]在伊拉克研究了两种分别采用石蜡和含纳米 Al_2O_3 的石蜡作为相变材料的 Trombe 墙，结果表明，后者墙体的出风口比前者更暖，温度升高了 29.08%。加入纳米材料的石蜡提高了热导率，添加纳米材料的 Trombe 墙体具有更好的储能性能。

Li 等[103]提出了一种双层 PCM Trombe 墙，并通过数值分析研究了其在武汉冬夏季的热效率。研究表明，外部和内部相变材料的最佳相变温度分别为 30 ℃和 18 ℃。PCM Trombe 墙的使用，提升了室内舒适度。

Leang 等[104]研究了砂浆-PCM 储热墙在 Trombe 墙中的应用。研究表明，相比于混凝土墙，砂浆-PCM 储热墙的储热量增加了 50%，太阳辐射与房间热之间存在时滞变化，4 cm 厚的 PCM 墙体比 15 cm 厚的混凝土墙体具有更短的时滞。

Krunfli[105]针对费城相对应的特定气候数据，测试了 PCM-Trombe 墙用于家庭供暖的性能。结果表明，PCM-Trombe 墙体可保持全年热负荷 60% 的节能效果。

Kolaitis 等[106]在欧洲 5 个城市（雅典、柏林、赫尔辛基、马德里和巴黎）对应的不同气候条件下，采用数值计算方法分析了 PCM 复合太阳能墙的热能性能。结果表明，与传统太阳能墙相比，PCM 复合太阳能墙具有更高的总节能率。

Leang 等[107]针对无太阳 Trombe 墙、采用混凝土太阳 Trombe 墙和铺设 PCM 太阳 Trombe 墙三种结构的住宅，考虑了三个不同的城市，即巴黎-奥利、里昂和尼斯，以便在模拟中有不同的气候条件，采用 Dymola/Modelica 软件进行了动态热模拟，研究了集成 PCM 的复合 Trombe 蓄热墙对热能性能的影响。结果表明，铺设 PCM 太阳 Trombe 墙的过热量最小，室内温度变化最小。

穆林等[108]分析比较不同相变蓄热墙导热系数对相变蓄热太阳能通风墙性能的影响。结果表明：吸热板最大表面温度随着相变蓄热墙导热系数的增大越接近相变蓄热墙的相变温度；相变蓄热墙导热系数越大，累计通风量越高，但在导热系数增大到 0.66 W/(m・K)后，再增大材料导热系数，累计通风量几乎不再增加。

胡志鹏等[109]通过 CFD 模拟的方法，研究了墙板厚度对新型相变蓄能通风墙热工性能的影响，并给出了相变石膏板合理的厚度范围。研究表明，相变石膏板的厚度与其保温效果并不成线性关系，超过一定的厚度后，相同的厚度增加量只能带来很少的隔热性能增加量，因此相变石膏板不宜过厚，在我国北方夏季，相变石膏板的厚度宜控制在 8～10 mm。

刘江等[110]以西安地区一栋典型办公建筑为例，运用 EnergyPlus 数值模拟软件研究了相变蓄热通风技术在过渡季节和炎热季节的应用情况。结果表明：当室外干球温度最大值高于相变区间上限值 3 ℃时，最低温度低于相变区间下限值 3 ℃，且日平均温度处于相变区间范围内时，相变蓄热通风技术能够充分发挥相变蓄能作用；该技术在过渡季节的应用效果优于炎热季节，与夜间自然通风技术相比，该技术可使整个过渡季节室内空气温度降温幅度提高 14%。

Mechouet 等[111]研究了机械通风对改善含有 PCM 双层外墙热性能的贡献，并对摩洛哥不同气候区的典型住宅的热能和能量性能进行了评估。研究结果显示，相变温度为 23 ℃的 PCM 适用于夏季平均最高气温为 28.2 ℃的暖半干旱气候；相变温度为 23 ℃的 PCM 适用于夏季平均最高气温为 33.7 ℃的暖半干旱气候、地中海暖温带气候和沙漠暖温带气候。此外，对于所研究的所有气候区，相变材料厚度的增加和机械通风量的增加，可以使热不适感和冷却能耗显著降低。但 PCM 厚度的影响随着通风量的增加而减小。

Ling 等[112]建立了一系列数值模型，包括室内空气、土壤和带有 PCM 的主动-被动通风墙，并通过实验进行了验证。结果表明，在不同的目标下，PCM 的最佳熔融热的变化趋势是相反的，PCM 的最佳相变温度 $t_{m,opt}$ 和最佳熔融热 h 之间的关系可用公式$t_{m,opt}=53.504\ h^{-0.15}$ 表示，并可将其拟合为一条曲线。以蓄热密度足够、可接受的最低室内空气温度和最大蓄热效率为多重目标，最优 PCM 位于最低室内空气温度曲线与关系拟合曲线的连接点处。

Saffari 等[113-114]根据不同的天气条件，使用 EnergyPlus v8.4 与 GenOpt v3.1.1 进行了数值模拟，研究了被动采暖和制冷的最佳 PCM 熔化温度。结果表明，PCM 的最佳熔化温度在很大程度上取决于气候条件。一般来说，在以制冷为主的气候条件下，最佳的 PCM 温度在 26 ℃左右，而在以采暖为主的气候条件下，则在 20 ℃左右。此外，合理选择 PCM 作为建筑围护结构的被动系统，可以为以采暖为主和以制冷为主的地区节约能源。

Oluah 等[115]研究表明，在 Trombe 墙体中使用 PCM 可以降低建筑运行能耗，不同的 PCM 和运行工况对 Trombe 墙体性能的影响不同。

Oluah 等[116]比较了实际气候条件下三种墙体房间的热工性能。结果表明，在保持室内温度的前提下，8.0 cm 厚的水合盐储能墙体优于 20.0 cm 厚的混凝土墙体或 5.0 cm 厚的石蜡墙体。

El Loubani 等[117]采用二维简化模型模拟计算了阴天不同 PCM 的 Trombe 墙房。研究发现，石蜡 Trombe 墙比其他 PCMs 能保持房间的温暖，时间可达 9 h。

Bourdeau[118]进行了试验研究，发现 3.5 cm 厚的 PCM 板可以达到与 15.0 cm 厚混凝土墙板相似的保温效果。

Zalewski 等[119]对小型 PCM Trombe 房间的效率进行了试验研究。结果表明，水合盐墙在 160 min 后能释放出太阳辐射热，比 150 cm 厚混凝土墙快 2.5 倍。

Duan 等[120]介绍了相变材料的性能测试和小型集成 PCM Trombe 墙的试验研究。试验结果表明，PCM Trombe 墙在低热输入模式下可使室内空气温度提高 0.82～1.88 ℃，在高热输入模式下可提高 1.75～3.27 ℃。

Zhu 等[121]研究表明，与传统 Trombe 房间相比，优化后的 Trombe 房间和优化后的 PCM Trombe 房间年建筑总负荷分别降低了 7.56%和 13.52%。同时，优化后的 PCM Trombe 房的节能效果优于优化后的 Trombe 房，这归功于 PCM 与传统的 Trombe 房间的耦合。

Duan 等[122]建立了集成相变蓄热墙的太阳能被动式建筑状态空间模型，并以北京、酒泉、沈阳 3 个典型城市，研究了 PCM Trombe 墙体在被动式太阳能建筑中的受热性能。研究结果表明，酒泉和北京的最佳 PCM 熔化温度和层厚一致，分别为 23 ℃和 5 cm，沈阳为 21 ℃和 5 cm。

6.4 本章小结

本章以徐州地区为例，重点研究了寒冷地区相变储能墙体保温隔热改造技术，确定了徐州地区冬季工况相变储能墙体的适宜相变温度，揭示了不同构造相变墙体的传热特性。研究结果显示，内侧相变墙体具有更好的保温性能。此外，在相变材料应用于建筑墙体时，需要对相变层厚度进行计算和判定，当相变层达到一定厚度时，再继续增大相变层厚度将会带来墙体施工困难和建造成本增大等问题。同时，对国内外众多学者太阳能相变储能通风墙技术的研究进行了探讨，特别是对 Trombe 墙技术做了多方面的研究。众多学者的研究表明，Trombe 墙在建筑中的应用，可以降低建筑能耗，而加入相变材料(PCM)后，使得 Trombe 墙的热性能得以更大的提升，同时增加了墙体的储热量，提升了室内环境舒适性，对于建筑的节能减排具有积极的意义。

7 既有公共建筑低碳化改造及综合效益分析

随着社会发展与进步，建筑能耗在社会总能耗中占比逐年递增[123]。同时，随着建筑能耗的增加，气候变暖、空气污染等诸多环境问题逐渐凸显出来。2021 年，国务院下发《“十四五”节能减排综合工作方案》，将城镇绿色节能改造工程确定为实施节能减排的重点工程之一，提出“全面提高建筑节能标准，加快发展超低能耗建筑，积极推进既有建筑节能改造、建筑光伏一体化建设”[124]。目前，寒冷地区存在大批既有公共建筑，建设年代久远，未采取任何节能措施。而且，寒冷地区的气候特点是冬季寒冷、夏季炎热。未采取任何节能措施的老旧建筑，冬季不保温，夏季不防热，建筑能耗相当大，与现行建筑节能标准相违，因此对其低碳化改造十分必要[125]。

本书以徐州某大型公共建筑为例，分析既有公共建筑低碳化改造的措施及其综合效益。

7.1 工程概况

该公共建筑建于 1971 年，建筑功能主要包括办公、客房、商铺等。20 世纪 70 年代初期，我国对建筑节能还不够重视，该建筑也只是采用基本的施工工艺，没有任何具体的节能措施，因此有必要对其进行低碳化改造。建筑基本概况见表 7-1。

表 7-1 建筑基本概况

建筑层数	建筑高度/m	建筑面积/m^2	空调面积/m^2	体形系数	窗墙比
6 层，局部 7 层	22.35	15 067	8 540	0.23	东向 0.09 西向 0.30 南向 0.23 北向 0.25

7.2 建筑节能诊断情况

7.2.1 围护结构

(1) 改造前围护结构基本情况

改造前，建筑外围护结构热工性能见表 7-2。

表 7-2 建筑外围护结构热工性能表

围护结构部位	传热系数/[W/(m^2·K)]
外墙	2.03
屋面	0.86
外窗	6.40

(2) 热工性能

改造前，围护结构热工性能较差，不满足《公共建筑节能设计标准》(GB 50189)(以下简称《标准》)的要求，应对其热工性能进行低碳化改造。

(3) 遮阳设施与遮阳系数

改造前，建筑无遮阳设施。《标准》要求：寒冷地区，乙类建筑，当窗墙比大于 0.2，且小于等于 0.3 时，对外窗遮阳系数不作要求，可不做改造[126]。

(4) 外窗气密性

改造前，因其外窗采用单层玻璃钢窗、年代久远，且单层玻璃钢窗气密性较差，不满足《标准》的要求，应对外窗气密性进行改造。

(5) 体形系数

《标准》要求：寒冷地区，乙类建筑，体型系数宜≤0.40。该建筑物改造前体形系数为 0.23，符合标准要求，可不进行改造。

(6) 窗墙比

《标准》要求：寒冷地区，乙类建筑，东西南北向均为≤0.7。根据表 7-1，符合标准要求，可不进行改造。

综上，围护结构热工性能以及外窗气密性需要改造。

7.2.2 供暖空调

(1) 供暖系统

改造前，本建筑供暖系统热媒为蒸汽，不满足现行规范。供暖系统采用下供下回异程式系统，对于大型公共建筑来讲，不利于平衡。另外，供暖系统采用铝串片散热器，积灰较多，不美观且影响散热效果。

（2）空调系统

改造前，所有办公室、客房、商铺均采用分体式空调，由于使用年限较长，改造前的空调系统 COP 很低，能耗大，且无法满足建筑对冷热量的基本需求。未设置新风系统，不满足现行规范要求。

（3）自动调节系统

改造前，供暖系统和空调系统均未设置随室外气温变化进行供冷热量调节的自动控制装置，不具备室温调控手段，不节能。

综上所述，供暖空调系统需要改造。

7.2.3　给水排水系统

（1）管材

冷热水给水管道、消防给水管道采用镀锌钢管，排水管道采用铸铁管，由于使用年限很久，锈迹斑斑，部分管道存在漏水现象，宜进行改造。

（2）卫生器具

水龙头采用普通水龙头；大小便器具均为非节水型，不节水，宜进行改造。

综上所述，给水排水系统需要改造。

7.2.4　照明系统

房间设计照度计算表见表 7-3。

表 7-3　房间设计照度计算表

房间功能	灯具	光通量/lm	面积/m^2	光源数量/个	灯具维护系数	利用系数	照度/Lx	是否满足规范
商业	普通荧光灯(40 W)	2 850	3 310	740	0.8	0.5	255	不满足
办公室	普通荧光灯(40 W)	2 850	600	152	0.8	0.5	289	不满足
地下室	普通荧光灯(40 W)	2 850	1 300	73	0.8	0.5	64	不满足
客房 1	白炽灯(40 W)	283	1 038	252	0.8	0.5	28	不满足
客房 2	白炽灯(40 W)	283	1 188	399	0.8	0.5	38	不满足
客房 3	白炽灯(40 W)	283	145	15	0.8	0.5	12	不满足

（1）改造前，本工程办公室、商铺采用了功率 40 W 的普通荧光灯 T12，客

房、公共区域照明采用白炽灯，经计算，其照明功率密度值和室内灯具照度值均超过现行国家标准的限值，应进行改造。

(2) 改造前，照明系统未设置自动控制装置，均为手动开关，不节能，宜进行改造。

(3) 未合理采用自然光，宜进行改造。

综上所述，建筑照明系统需要改造。

7.2.5 可再生能源利用

原建筑没有利用可再生能源。根据建筑节能要求，应充分利用可再生能源，如利用太阳能热水系统，满足建筑生活热水需要。

7.2.6 分项计量

原建筑未设置分项计量系统，不利节能，宜进行改造。

7.3 建筑低碳化改造措施

根据《建筑节能与可再生能源利用通用规范》(GB 55015)要求，结合本工程实际情况和经济条件，本示范项目低碳化改造目标满足节能72%的要求。

7.3.1 围护结构

根据7.2节的分析，确定合理的围护结构改造技术措施，详见表7-4。

表7-4 围护结构低碳化改造技术措施及改造后热工性能表

围护结构部位	低碳化改造措施	传热系数 /[W/(m^2·K)]
外墙	在原外墙基础上，增加岩棉85 mm	0.44
屋面	细石混凝土40 mm+挤塑聚苯板70 mm+水泥砂浆20 mm+粉煤灰陶粒混凝土80 mm+预制混凝土板120 mm+石灰砂浆20 mm	0.48
外窗	断桥铝合金LOW-E中空玻璃窗(6+12A+6)	2.70
地下室顶板	水泥砂浆20 mm+预制混凝土板120 mm+岩棉85 mm+石灰水泥砂浆20 mm	0.59

7.3.2 供暖空调

(1) 节能供暖空调系统形式选择

在建筑能耗中,供暖空调的能耗比重很大,在选择供暖空调系统时,首先要考虑其节能性。根据工程特点,改造后统一由空调系统承担夏季冷负荷和冬季热负荷,冷热源设置在地下室。

结合此改造工程特点,在选取空调系统时,客房和办公室使用时间和空调开启时间不同,各房间对空气调节的要求也有不同,综合比较采用变频多联机。室外机设于屋面。变频多联式空调系统只有室内机和室外机,无须冷却塔、水泵等辅助设备,系统稳定性高,寿命长,安装及维护保养成本低。各房间室内机单独控制,且室外机运行频率可根据室内机部分负荷运行情况自动调节,费用低,更节能[127]。此工程中,各客房和办公室使用时间和空调开启时间不同,因此采用变频多联机可以灵活开关和控制,起到了更好的节能效果。

(2) 其他节能措施

每个房间设有新风口,在过渡季节尽可能使用新风,以达到最大节能状态。

7.3.3 给水排水系统

(1) 给排水系统管材

生活给水系统引入管、横干管、主立管及各层生活冷水支管均采用公称压力为 1.25 MPa 的 PPR 冷水管,热熔连接。生活污废水管采用 PVC-U 管,承插连接。

(2) 卫生洁具

本工程卫生洁具安装参照图集,洁具的五金配件应配建设部门推荐的节水型产品。

7.3.4 照明系统

(1) 照明系统改造中,办公室、商铺采用更为节能的 T5 节能荧光灯,可实现节电 10%～30%。

(2) 公共部分照明用荧光灯取代白炽灯,可节电 70%以上[128]。

(3) 根据各区域功能照明运行时间的不同,划分不同的回路,使每个回路能够独立控制。根据房间功能和天然采光情况,增设智能控制系统,实现分区控制,节电节能。

7.3.5 可再生能源利用

(1) 当地太阳能条件

徐州地区每年日照时间在 2 149 h 以上，太阳能资源丰富，太阳能年辐射总量约为 5 000～5 800 MJ/m^2，利用太阳能的条件良好[129]。

(2) 本工程太阳能利用改造

本工程宾馆客房部分有热水需求，因此，对客房部分增设太阳能热水。在屋面设置太阳能集热器，温度低于 60 ℃时，利用电作为辅助热源。

7.3.6 分项计量

本建筑改造中设计安装分项计量系统。具体方案如下：

(1) 变电所电能表配置

配置 33 台多功能电能表，通过对配电室各回路进行监测，实现对照明、空调、动力等用电的分项计量。

(2) 供水监测配置

为实时监测建筑的用水情况，在生活给水总供水管上配置 1 台智能水表。

(3) 现场子网配置

设置数据集中采集器 2 台，可实现将现场数据上传到上一级能源监管中心功能。

7.4 建筑低碳化改造效益分析

7.4.1 低碳化改造增加总投资概算

本工程低碳化改造增加投资主要包括外围护结构、暖通空调设施、给水排水系统、照明系统、可再生能源设备的投资等。

根据各分项投资增量计算，本工程改造投资增量计算详见表 7-5。

表 7-5 投资增量计算表

项目	围护结构	暖通空调	照明系统	给水排水	可再生能源	分项计量	合计
投资/万元	262.80	244.12	8.27	37.60	47.45	16.10	616.34

本项目为了建筑节能增加的投资额约为 616.34 万元。

7.4.2 低碳化改造经济效益分析

7.4.2.1 围护结构改造经济效益分析

本项目对建筑围护结构的改造，通过斯威尔软件计算模拟改造前后的建筑能耗和节能效率，详见表 7-6；围护结构改造经济效益分析详见表 7-7。改造前，该建筑全年累计总负荷为 128.61 kW，改造后总负荷为 77.95 kW，节能潜力为 39.4%；经经济效益分析计算，改造后节约电费 35.90 万元，节能效果显著。

表 7-6 改造前后建筑能耗模拟结果

全年累计总负荷/kW		节能潜力/%
原建筑	改造后	
128.61	77.95	39.4

表 7-7 围护结构改造经济效益分析

年用电量/($\times 10^4$ kW·h)	电费/万元	节能潜力/%	节约费用/万元	总投资/万元	回收期/年
103.61	91.20	39.40	35.90	262.80	7.32

7.4.2.2 暖通空调改造经济效益分析

根据上述改造方案，对该项目的暖通空调系统进行了低碳化改造，详细分析了改造前后的暖通空调经济效益，详见表 7-8。结果显示，改造前空调用电量 1 252 992.00 kW·h/年，改造前供暖总用气量为 93 025.00 m^3/年，暖通空调运行总费用(空调运行+供暖运行)为 141.00 万元/年；改造后暖通空调用电量为 1 048 339.8 kW·h/年，改造后暖通空调运行总费用为 92.25 万元；改造前后节约运行费用 48.75 万元/年，节能效果显著。

表 7-8 暖通空调改造经济效益分析

改造前空调用电量/(kW·h/年)	改造前供暖总用气量/(m^3/年)	改造前空调运行总费用/(万元/年)	改造前供暖运行总费用/(万元/年)	总投资/万元
1 252 992.0	93 025.00	110.30	30.70	244.12

表 7-8(续)

改造后暖通空调总用电量/(kW·h/年)	改造后暖通空调运行总费用/(万元/年)	改造后暖通空调节省费用/(万元/年)	回收期/年	
1 048 339.8	92.25	48.75	5.01	

7.4.2.3 给水排水改造经济效益分析

根据上述改造方案,对该项目的给水排水系统进行了低碳化改造,详细分析了改造前后的用水量,具体经济效益分析详见表 7-9。结果显示,改造前年用水量为 56 616 t,改造后年用水量为 39 631 t,年节约用水量 16 985 t,节水率为 30%;按 2.72 元/t 的水费单价计算,改造后给排水系统节约水费 4.62 万元/年。

表 7-9　给水排水改造经济效益分析

年用水量/t	改造后年用水量/t	改造后节水率/%	年节约用水量/t
56 616	39 631	30	16 985
水费/(元/t)	节约费用/(万元/年)	总投资/万元	回收期/年
2.72	4.62	37.60	8.14

7.4.2.4 照明系统改造经济效益分析

根据上述改造方案,对该项目的照明系统进行了低碳化改造,详细分析了改造前后的用电量,经济效益分析详见表 7-10。结果显示,改造前年用电量为 95 233.88 kW·h,改造后年用电量为 55 006.96 kW·h,年节约用电量 40 226.92 kW·h;按 0.88 元/kW·h 的电费单价计算,改造后照明系统节约电费 3.54 万元/年。

表 7-10　照明改造经济效益分析

改造前照明功率/W	改造后照明功率/W	改造前年用电量/kW·h	改造后年用电量/kW·h
65 228	37 676	95 233.88	55 006.96

表 7-10(续)

电费/(元/kW·h)	节约费用/(万元/年)	总投资/万元	回收期/年
0.88	3.54	8.27	2.34

7.4.2.5 可再生能源改造经济效益分析

根据上述改造方案,对该项目增设了可再生能源系统,可再生能源改造经济效益分析详见表 7-11。结果显示,年太阳能供热水量为 7 482 m^3,年节能量为 806 339.0 MJ,折合电能 235 771.7 kW·h;按 0.88 元/kW·h 的电费单价计算,增设可再生能源系统后可节约电费 20.75 万元/年。

表 7-11 可再生能源改造经济效益分析

年太阳能供热水量/m^3	集热面积/m^2	年节能量/MJ	折合电能/kW·h
7 482	318.4	806 339.0	235 771.7
电费/(元/kW·h)	节约费用/(万元/年)	总投资/万元	回收期/年
0.88	20.75	47.45	2.29

7.4.2.6 分项计量改造经济效益分析

根据文献研究结果,分项计量装置对建筑节能贡献率约为 5%[130]。分项计量改造经济效益分析见表 7-12。改造前建筑年总用电量为 1 036 100 kW·h,分项计量装置节能贡献率按 5%计算,则年节能量为 51 805 kW·h,折合电费 4.56 万元。

表 7-12 分项计量改造经济效益分析

年总用电量/kW·h	节能率/%	年节能量/kW·h	电费/(元/kW·h)
1 036 100	5	51 805	0.88
节约费用/(万元/年)	总投资/万元	回收期/年	
4.56	16.10	3.53	

7.4.2.7 低碳化改造综合经济效益分析

该建筑低碳化改造中围护结构、暖通空调、照明、给水排水、可再生能源、分项计量等各系统改造后的效益分析见表 7-13。

表 7-13　改造效益分析

项目	围护结构	暖通空调	照明系统	给水排水	可再生能源	分项计量	合计
投资额/万元	262.80	244.12	8.27	37.60	47.45	16.10	616.34
年节省费用/万元	35.90	48.75	3.54	4.62	20.75	4.56	118.12
折合电量/kW·h	407 954.5	553 522.7	40 226.9	52 500.0	235 771.7	51 805.0	1 341 780.8
节能量/tce	134.63	182.66	13.28	17.33	77.81	13.43	439.14
回收期/年	7.3	5.0	2.3	8.1	2.3	3.5	5.22

(1) 经济效益

该建筑改造后节能率大大提高，建筑能耗降幅明显，每年可节约 1 341 780.8 kW·h 电量，经计算约 5.22 年可收回改造成本，改造效益显著。

(2) 环境效益

根据表 7-13 的计算结果，经过低碳化改造后，该公共建筑每年可节约煤 439.14 tce，年减少排放 CO_2 量 1 150.6 t，SO_2 量 3.71 t，NO_x 量 3.25 t，取得了很好的环境效益。

7.5　本章小结

本章以徐州某既有公共建筑为例，从建筑节能诊断入手，结合工程实际，从围护结构、暖通空调、水电系统等方向提出了低碳化改造方案，并进行了改造效益分析。结果显示，该既有公共建筑改造后节能率大大提高，建筑能耗降幅明显，减排效果显著，取得了很好的节能效果和环境效益。

8 结论及展望

8.1 结论

随着我国经济发展和生活水平提升，建筑能耗占比逐年增高。高能耗也相应带来能源供应压力和污染排放问题，2021 年建筑碳排放达 52.2 亿 t。为实现习近平主席提出的 2030 年碳排放达峰和 2060 年碳中和目标，国家《“十四五”建筑节能与绿色建筑发展规划》中明确，在加强既有建筑节能绿色改造方面，要开展既有居住建筑节能改造。既有建筑因基数大、能耗高、效率低，其低碳化改造成为关键路径，通过优化设计、更新设备、改善隔热等措施，既能降低能耗、减排温室气体，同时也能提升室内环境质量。既有建筑低碳化改造对缓解能源压力、改善环境、推动建筑行业转型升级具有重要意义。本书针对寒冷地区既有建筑的围护结构改造技术、暖通空调系统改造技术、太阳能利用技术及相变材料在既有建筑低碳化改造中的应用进行了系统性研究，并结合实际工程案例，对改造前后的节能和经济效益进行了详细的分析。

(1) 围护结构低碳化改造技术

在寒冷地区，改善围护结构的热工性能，对于提高室内舒适度和减少建筑能耗来说尤为关键。基于改造工程的可实施性，本书重点针对寒冷地区气候条件下既有建筑的外墙、屋面及外窗的低碳化改造技术进行研究，并对采用不同性能的围护结构所产生的建筑能耗进行了模拟分析，分析得出适宜的徐州地区围护结构低碳化改造技术，为寒冷地区围护结构改造技术的选用提供了依据。

(2) 暖通空调系统低碳化改造技术

在建筑物的能耗组成中，供暖空调能耗占比很高，是建筑能耗的主要部分。根据寒冷地区既有建筑的用能特点，分析了供暖与空调系统的主要低碳化改造技术，并结合工程实例，对改造前后的经济效益进行了详细的分析。结果显示，暖通空调系统低碳化改造具有显著的节能减排效果。

(3) 太阳能利用技术

太阳能作为一种可再生能源，在建筑中加以充分应用，可以很好地促进建筑节能。本书主要介绍了太阳能热水系统、太阳能一空气源热泵耦合供暖系统及光伏发电系统，并结合工程实例对各系统在绿色建筑中的应用及节能情况进行了分析。以徐州市为例，测试并分析了徐州地区太阳能热水系统的热利用效率；研究了太阳能光热、太阳能光电技术在寒冷地区既有建筑改造中的利用技术。研究结果表明，在太阳辐射条件允许的情况下，充分利用太阳能，能够很好地节约能源，减少对环境的污染。

(4) 相变材料在既有建筑低碳化改造中的应用技术

相变储能材料可利用材料在相变时吸热或放热来储存能量或释放能量，在建筑中，可以充分利用相变材料的这种特性，达到节能的目的。本书从围护结构、太阳能热泵、余热利用、地板敷设供暖、蓄冷空调等方面对相变材料在建筑节能中的应用做了介绍；并以徐州地区为例，重点研究了寒冷地区相变储能墙体保温隔热改造技术，揭示了不同构造相变墙体的传热特性，研究结果显示内侧相变墙体具有更好的保温性能。相变材料的应用与推广将会使建筑更节能、更环保、更舒适。

(5) 工程实例及综合效益分析研究

以某既有公共建筑为例，从建筑节能诊断入手，结合工程实际，从围护结构、暖通空调、水电系统等方面提出了低碳化改造方案，并进行了改造效益分析。结果显示，该既有公共建筑改造后节能率大大提高，建筑能耗降幅明显，减排效果显著，取得了很好的节能效果和环境效益。

8.2 展望

面对全球气候变化和能源危机的严峻挑战，建筑行业的低碳化转型已成为实现国家“双碳”战略目标的核心环节，也是推动社会可持续发展的重要驱动力。在既有建筑低碳化改造领域，未来的探索空间和应用前景依然广阔，具体体现在以下几个关键方面：

(1) 围护结构改造技术的深化与创新。本研究针对寒冷地区既有建筑的围护结构提出了有效的低碳化改造策略，但随着材料科学的日新月异和智能化技术的飞速发展，还需进一步探索并应用新型低碳、高效、环保的围护结构材料，例如高性能保温隔热材料、自适应性透光材料等。同时，结合先进的智能化控制系统，实现围护结构性能的动态优化，以更好地适应多样化的气候条件和用户个性化需求。

(2) 暖通空调系统的高效化与智能化。随着物联网、大数据、人工智能等前沿技术的深度融合与应用，暖通空调系统将更加趋向于智能和高效。通过精准预测建筑能耗、优化系统运行策略、实现远程监控与智能调节，显著降低能耗的同时,提升用户的舒适度和满意度。此外,开发基于自然冷源和热源的高效热泵技术,以及充分利用余热回收、低品位能源等先进技术,也将成为暖通空调系统低碳化改造的重要趋势。

(3) 可再生能源的深度整合与利用。太阳能、风能等可再生能源在建筑中的深度整合利用,将是未来建筑低碳化的重要途径。除了传统的太阳能热水、光伏发电外,探索多能互补系统(如太阳能+风能+储能)、分布式能源系统以及微电网技术等,将有助于提高可再生能源的利用率,减少对化石能源的依赖。

(4) 相变材料及其他新型节能技术的应用。相变材料因其独特的储能特性,在建筑节能领域具有巨大的应用潜力。未来应加强对相变材料的稳定性、耐久性、防火性能及其在复杂环境下的性能表现等方面的研究,同时探索与其他新型节能技术(如热管技术、辐射制冷技术等)的集成应用,以构建更加高效、灵活、可靠的建筑节能体系。

既有建筑的低碳化改造是一项系统工程,需要技术创新、政策引导、市场机制以及社会各界的共同努力和协作。展望未来,随着科技的持续进步和政策的不断完善,我国既有建筑的低碳化改造必将取得更加显著的成效,为构建绿色低碳、可持续发展的社会贡献更大的力量。

参考文献

[1] The Energy Institute. The 2024 statistical review of world energy[M]. London:The Energy Institute,2024.

[2] 张孝存,王凤来. 建筑工程碳排放计量[M]. 北京:机械工业出版社,2022.

[3] 清华大学建筑节能研究中心. 中国建筑节能年度发展研究报告-2023-城市能源系统专题[M]. 北京:中国建筑工业出版社,2023.

[4] 中国建筑节能协会建筑能耗与碳排放专委会. 2022 中国建筑能耗与碳排放研究报告[R]. 重庆:[出版者不详],2022.

[5] 中华人民共和国住房和城乡建设部. "十四五"建筑节能与绿色建筑发展规划. [EB/OL]. (2022-03-11)[2024-12-01]. https://view. officeapps. live. com/op/view. aspx? src=http%3A%2F%2Fwww. gov. cn%2Fzhengce%2Fzhengceku%2F2022-03%2F12%2F5678698%2Ffiles%2Fc6b07b1ddd944810a2800bf20db0c128. doc&wdOrigin=BROWSELINK.

[6] 王昭俊. 超低能耗建筑研究综述与展望[J]. 煤气与热力,2024,44(6):1-7.

[7] 时希杰,张迪. 德国能源转型经验及对中国的启示[J]. 节能与环保,2024(1):52-60.

[8] 张德明. 既有建筑节能技术改造中合同能源管理的实践与思考:考察大阪府的既有建筑节能技术改造有感[J]. 墙材革新与建筑节能,2009(3):60-64.

[9] 余庄. 利用可再生能源的中国特色零能耗建筑:华中科技大学某教学楼改造工程[J]. 建筑学报,2010(增刊 1):124-126.

[10] 徐春雯,王春利,程征,等. 基于 EnergyPlus 的被动式建筑能耗仿真实验[J]. 实验技术与管理,2024,41(7):192-200.

[11] 张海英. 气凝胶泡沫混凝土保温墙体热工与节能性能研究[D]. 广州:广州大学,2024.

[12] ABANDA F H,BYERS L. An investigation of the impact of building orientation on energy consumption in a domestic building using emerging BIM (Building Information Modelling)[J]. Energy,2016,97:517-527.

[13] 袁天皎.济南市既有居住建筑围护结构节能改造技术研究[D].济南:山东建筑大学,2010.

[14] 张正玉.外墙热反射保温节能体系的组份特性与组合优势[J].化工新型材料,2014,42(8):225-229.

[15] 张丽娟,田国华.建筑用自保温砌块孔型的优化设计[J].江苏建筑职业技术学院学报,2015,15(1):6-9.

[16] 夏济洪.简述砌块砌体的发展和应用[J].科技信息,2009(11):218.

[17] 王泽鹏,张秀辉,胡仁喜,等.ANSYS 12.0 热力学有限元分析从入门到精通[M].北京:机械工业出版社,2010.

[18] 张朝晖.ANSYS 热分析教程与实例解析[M].北京:中国铁道出版社,2007.

[19] 张丽娟,田国华.寒冷地区既有居住建筑围护结构热工性能改造对建筑能耗的影响[J].江苏建筑,2016(4):113-116.

[20] 张丽娟,田国华,王义江.寒冷地区典型建筑外窗节能影响因素的数值模拟研究[J].中国科技论文,2016,11(23):2751-2756.

[21] 刘超英.低能耗外窗玻璃材料研究与开发[J].中国建材,2016,65(6):116-117.

[22] 胡贵华,李玉云,蒋修英.武汉既有居住建筑外窗改造的技术经济分析[J].建筑热能通风空调,2015,34(1):86-89.

[23] 住房和城乡建设部.严寒和寒冷地区居住建筑节能设计标准:JGJ 26—2018[S].北京:中国建筑工业出版社,2018:3.

[24] 刘爽.太阳能资源利用与太阳能建筑发展[J].科技成果纵横,2007(6):39-40.

[25] 梁玉文,李彦斌.可再生能源在电力普遍服务中的应用[J].中国电力教育,2008(10):25-27.

[26] 周传瑞.哈尔滨地区太阳能资源评估及开发利用前景分析[D].兰州:兰州大学,2012.

[27] 袁合涛.绿色高层建筑的集分式太阳能热水系统节能环保效益[J].建筑节能,2019,47(2):64-67.

[28] 田国华,刘朋,张丽娟.太阳能热水系统集热效率测试与经济效益研究[J].江苏建筑职业技术学院学报,2020,20(3):29-32.

[29] 王贤君.太阳能热水系统在建筑全寿命期的综合效益评价研究[D].西安:西安建筑科技大学,2013.

[30] 王垚.太阳能技术在建筑上的应用研究[D].西安:西安科技大学,2010.

[31] 张丽娜，张义智，田瑞，等. 太阳能热水系统的节能效益分析[J]. 太阳能，2007(6)：67-68.
[32] 彭娇娇. 空气源热泵辅助太阳能热水系统在江淮地区应用的节能环保效益研究[D]. 扬州：扬州大学，2010.
[33] LI H，YANG H X. Potential application of solar thermal systems for hot water production in Hong Kong [J]. Applied energy，2009，86 (2)：175-180.
[34] LI H，YANG H X. Study on performance of solar assisted air source heat pump systems for hot water production in Hong Kong[J]. Applied energy，2010，87(9)：2818-2825.
[35] 夏如杰，相里梅琴，张丽娟. 江苏地区基于太阳能＋热泵的采暖系统研究[J]. 浙江建筑，2019，36(2)：44-47.
[36] 于易平. 严寒地区太阳能热泵供热系统设计及优化分析[D]. 哈尔滨：哈尔滨工业大学，2012.
[37] 卢倩楠. 绿色建筑中太阳能光伏发电系统的设计研究[D]. 西安：长安大学，2016.
[38] 郑钧曦，赵丽. 太阳能光伏建筑一体化系统应用分析[J]. 现代建筑电气，2017，8(4)：53-55.
[39] 李光金. 建筑光伏发电系统的优化设计方法研究[D]. 济南：山东建筑大学，2022.
[40] 吕亚军，郭娟利，高辉，等. 相变储能材料建筑一体化设计初探[J]. 工业建筑，2013，43(8)：55-58.
[41] 张丽娟，田国华. 相变材料在建筑节能中的应用[J]. 四川建材，2014，40(6)：32-37.
[42] 王建昌. 相变储能建筑材料的制备与节能评价[D]. 广州：华南理工大学，2012.
[43] 李艳. 相变储能材料热性能研究[D]. 济南：山东轻工业学院，2012.
[44] 谢芳. 相变建筑材料在建筑节能中的应用研究[D]. 广州：华南理工大学，2010.
[45] 王芳，郑茂余，李忠建，等. 相变材料在太阳能-地源热泵系统中的应用[J]. 太阳能学报，2006，27(12)：1231-1234.
[46] 肖松，郑东升，吴淑英. 利用相变材料回收高炉冲渣水余热的经济性分析[J]. 工业加热，2012，41(4)：34-35.
[47] 颜家桃，高学农，唐亚男，等. 复合相变材料的制备及其在地板采暖中的应

用[J]. 新型建筑材料,2010,37(10):6-9.

[48] 陈中华,肖春香,赵秀娟,等. 相变储能建筑材料的应用研究与进展[J]. 太阳能,2007(9):44-48.

[49] 李晓燕,张健,高宇航,等. 相变材料式蓄冷空调系统的经济性分析[J]. 哈尔滨商业大学学报(自然科学版),2009,25(5):607-610.

[50] 吕知梅,于军强,裴丽霞,等. 空调蓄冷相变材料的最新研究[J]. 材料导报,2010,24(1):133-136.

[51] 李晓燕. 常规空调工况用相变材料的研制与应用基础研究[D]. 哈尔滨:哈尔滨工业大学,2008.

[52] 田国华. 相变储能建筑墙体传热特性及能耗影响研究[D]. 徐州:中国矿业大学,2018.

[53] 李黎明. ANSYS 有限元分析实用教程[M]. 北京:清华大学出版社,2005.

[54] 任辉启. ANSYS 7.0 工程分析实例详解[M]. 北京:人民邮电出版社,2003.

[55] 郭志强,吴文健,满亚辉,等. 基于 ANSYS 有限元方法对相变材料相变过程的分析[J]. 新技术新工艺,2007(11):87-89.

[56] 胡仁喜,康士廷,等. ANSYS 14.0 机械与结构有限元分析从入门到精通[M]. 2 版. 北京:机械工业出版社,2013.

[57] 胡小芳,肖迪. 基于 ANSYS 的相变储能建筑材料温度响应特性的研究[J]. 材料导报,2009,23(22):83-86.

[58] KUZNIK F,VIRGONE J,JOHANNES K. Development and validation of a new TRNSYS type for the simulation of external building walls containing PCM[J]. Energy and buildings,2010,42(7):1004-1009.

[59] 李利民,庄春龙,张洪宇,等. 焓法模型求解相变传热问题有效性分析[J]. 后勤工程学院学报,2011,27(3):58-62.

[60] 胡火岩. 相变材料能量非对称性分析与传热过程数值模拟研究[D]. 南京:东南大学,2017.

[61] 刘朋. 相变储能建筑墙体热工性能及适用性评价研究[D]. 徐州:中国矿业大学,2016.

[62] 张乐. 考虑太阳辐射因素下多层墙体热湿耦合传递特性研究[D]. 长沙:湖南大学,2010.

[63] 杨卫国,夏红卫,魏生贤,等. 竖直墙面不同方位上太阳辐射量的计算分析[J]. 西南师范大学学报(自然科学版),2008,33(2):22-25.

[64] HAY J E. Calculation of monthly mean solar radiation for horizontal and

inclined surfaces[J]. Solar energy,1979,23(4):301-307.

[65] 冉茂宇,田化. 建筑外皮相变隔热研究(Ⅱ):建筑相变隔热设计原理与方法[J]. 建筑科学,2011,27(12):71-75.

[66] 冉茂宇,赵红利. 建筑外表相变隔热研究(Ⅲ):多重相变温度和材料用量确定的理论与方法[J]. 建筑科学,2012,28(2):95-99.

[67] 孔祥飞. 相变蓄冷建筑围护结构性能研究[D]. 天津:天津大学,2013.

[68] 王利勇,于慧俐. 墙体保温对延迟时间和衰减系数的影响研究[J]. 青岛理工大学学报,2017,38(3):92-94.

[69] 霍英涛,牛志荣,熊厚仁,等. 基于正交试验的外保温系统衰减系数和延迟时间的数值模拟分析[J]. 混凝土,2016(7):30-33.

[70] 李天宇. 复合相变水泥板的制备及其传热特性研究[D]. 成都:西南交通大学,2016.

[71] 张在喜. 墙体蓄放热特性及其对建筑能耗影响的研究[D]. 重庆:重庆大学,2014.

[72] 张寅平,王馨. 固-液相变强化传热物理机制及影响因素分析[J]. 中国科学E辑:技术科学,2002,32(4):485-490.

[73] 牛犇. 相变墙体夏季工况运行特性的数值计算与实验研究[D]. 成都:西南交通大学,2011.

[74] 国家统计局. 中国统计年鉴:2021(总第 40 期)[M]. 北京:中国统计出版社,2021.

[75] 中国能源协会. 中国能源展望 2030[M]. 北京:经济管理出版社,2016.

[76] 中国建筑节能协会. 中国建筑能耗研究报告 2020[J]. 建筑节能(中英文),2021,49(2):1-6.

[77] 徐小龙,牛润萍,冯国会,等. 太阳房与相变蓄能结合技术应用研究[J]. 低温建筑技术,2013,35(4):123-125.

[78] 张喜明,马宝岩,吕文豪,等. 严寒地区太阳能-空气源热泵复合供热性能研究[J]. 吉林建筑大学学报,2024,41(5):38-43.

[79] 姜孟庭. 光热一体化 Trombe 墙体的温度分布特性研究[D]. 湘潭:湘潭大学,2021.

[80] TROMBE F,ALBERT LE PHAT VINH. Thousand kW solar furnace, built by the National Center of Scientific Research, in Odeillo (France)[J]. Solar energy,1973,15(1):57-61.

[81] HERNÁNDEZ-LÓPEZ I,XAMÁN J,CHÁVEZ Y,et al. Thermal energy storage and losses in a room-Trombe wall system located in Mexico[J].

Energy,2016,109:512-524.

[82] STEVANOVIĆ S. Optimization of passive solar design strategies:a review[J]. Renewable and sustainable energy reviews,2013,25:177-196.

[83] OLENETS M, PIOTROWSKI J Z, STROY A. Heat transfer and air movement in the ventilated air gap of passive solar heating systems with regulation of the heat supply [J]. Energy and buildings, 2015, 103: 198-205.

[84] 闫全英,吴生俊,金丽丽. 被动式蓄热相变墙体热工性能的研究[J]. 新型建筑材料,2014,41(11):17-20.

[85] 肖成珍,许道金,李炫廷,等. 太阳墙集热系统在严寒高海拔地区的应用[J]. 科技与创新,2019(10):150-153.

[86] HU Z T, LUO B Q, HE W. An experimental investigation of a novel Trombe wall with Venetian blind structure[J]. Energy procedia, 2015, 70:691-698.

[87] HONG X Q, HE W, HU Z T, et al. Three-dimensional simulation on the thermal performance of a novel Trombe wall with Venetian blind structure[J]. Energy and buildings,2015,89:32-38.

[88] YU B D, HE W, LI N S, et al. Experimental and numerical performance analysis of a TC-Trombe wall[J]. Applied energy,2017,206:70-82.

[89] YU B D, HOU J X, HE W, et al. Study on a high-performance photocatalytic-Trombe wall system for space heating and air purification[J]. Applied energy,2018,226:365-380.

[90] YU B D, JIANG Q Y, HE W, et al. Performance study on a novel hybrid solar gradient utilization system for combined photocatalytic oxidation technology and photovoltaic/thermal technology [J]. Applied energy, 2018,215:699-716.

[91] 余本东. 新型太阳能光热催化型 Trombe 墙系统的实验和数值研究[D]. 合肥:中国科学技术大学,2018.

[92] CHEN W, LIU W. Numerical analysis of heat transfer in a passive solar composite wall with porous absorber[J]. Applied thermal engineering, 2008,28(11/12):1251-1258.

[93] BELLOS E, TZIVANIDIS C, ZISOPOULOU E, et al. An innovative Trombe wall as a passive heating system for a building in Athens:a comparison with the conventional Trombe wall and the insulated wall[J].

Energy and buildings,2016,133:754-769.

[94] LIU Y F,WANG D J,MA C,et al. A numerical and experimental analysis of the air vent management and heat storage characteristics of a Trombe wall[J]. Solar energy,2013,91:1-10.

[95] RABANI M, KALANTAR V, DEHGHAN A A, et al. Experimental study of the heating performance of a Trombe wall with a new design [J]. Solar energy,2015,118:359-374.

[96] GHAZALI A,SALLEH E,CHIN HAW L,et al. Photovoltaic facade in Malaysia:the development and current issues[J]. Research journal of applied sciences,engineering and technology,2016,13(8):652-663.

[97] GRINKRUG N,KOSTIKOV S. The comparison of combined engineering systems energy efficient house for far east region Russia[J]. International journal of applied research,2015,5(3):389-394.

[98] CHAICHAN M T, ABAAS K I. Performance amelioration of a Trombe wall byusing phase change material (PCM) [J]. International advanced research journal in science,engineering and technology,2015,2(4):1-6.

[99] LIU B,LI P,MA X Y,et al. Chimney effect of solar hybrid-double wall with different thickness PCM of $Na_2CO_3 \cdot 10H_2O$[J]. Energy procedia, 2015,75:521-526.

[100] OLUAH C,AKINLABI E T,NJOKU H O. Selection of phase change material for improved performance of Trombe wall systems using the entropy weight and TOPSIS methodology[J]. Energy and buildings, 2020,217:109967.

[101] KHALIFA A J N,ABBAS E F. A comparative performance study of some thermal storage materials used for solar space heating[J]. Energy and buildings,2009,41(4):407-415.

[102] CHAICHAN M T,AL HAMDANIA H ,KASEM A M. Kasem. Enhancing a trombe wall charging and discharging processes by adding nano-Al_2O_3 to phase change materials [J]. International journal of scientific and engineering research, 2016,7 (3):736-741.

[103] LI S S,ZHU N,HU P F,et al. Numerical study on thermal performance of PCM Trombe wall[J]. Energy procedia,2019,158:2441-2447.

[104] LEANG E,TITTELEIN P,ZALEWSKI L,et al. Numerical study of a composite Trombe solar wall integrating microencapsulated PCM[J].

Energy procedia,2017,122:1009-1014.

[105] KRUNFLI E M. Assesement of a trombe wall embedded with phase change material for household heating[D]. Philadelphia:Villanova University,2016.

[106] KOLAITIS D I,FOUNTI M A. Solar wall enhanced with phase-change materials:a detailed numerical simulation study[J]. Advances in building energy research,2017,11(1):87-103.

[107] LEANG E,TITTELEIN P,ZALEWSKI L,et al. Impact of a composite Trombe wall incorporating phase change materials on the thermal behavior of an individual house with low energy consumption[J]. Energies,2020,13(18):4872.

[108] 穆林,雷勇刚,宋翀芳,等. 相变蓄热材料导热系数对太阳能通风墙性能的影响[J]. 华侨大学学报(自然科学版),2017,38(6):830-835.

[109] 胡志鹏,黄真. 含有相变材料的通风墙板热工性能研究[J]. 新型建筑材料,2019,46(2):88-91.

[110] 刘江,杨柳,刘衍,等. 西安办公建筑相变蓄热通风技术的季节适宜性研究[J]. 土木与环境工程学报(中英文),2019,41(1):150-159.

[111] MECHOUET A,OUALIM E M,MOUHIB T. Effect of mechanical ventilation on the improvement of the thermal performance of PCM-incorporated double external walls:a numerical investigation under different climatic conditions in Morocco[J]. Journal of energy storage,2021,38:102495.

[112] LING H S,WANG L,CHEN C,et al. Numerical investigations of optimal phase change material incorporated into ventilated walls[J]. Energy,2019,172:1187-1197.

[113] SAFFARI M,DE GRACIA A,FERNÁNDEZ C,et al. Study on the optimum PCM melting temperature for energy savings in residential buildings worldwide[J]. IOP conference series: materials science and engineering,2017,251:012113.

[114] SAFFARI M,DE GRACIA A,FERNÁNDEZ C,et al. Simulation-based optimization of PCM melting temperature to improve the energy performance in buildings[J]. Applied energy,2017,202:420-434.

[115] OLUAH C,AKINLABI E T,NJOKU H O. Selection of phase change material for improved performance of Trombe wall systems using the

entropy weight and TOPSIS methodology[J]. Energy and buildings, 2020,217:109967.

[116] ONISHI J,SOEDA H,MIZUNO M. Numerical study on a low energy architecture based upon distributed heat storage system[J]. Renewable energy,2001,22(1/2/3):61-66.

[117] EL LOUBANI M,GHADDAR N,GHALI K,et al. Hybrid cooling system integrating PCM-desiccant dehumidification and personal evaporative cooling for hot and humid climates[J]. Journal of building engineering,2021,33:101580.

[118] BOURDEAU L E . Study of two passive solar systems containing phase change materials for thermal storage[C]//The 5th national passive solar conference,Massachusetls:1980.

[119] ZALEWSKI L,JOULIN A,LASSUE S,et al. Experimental study of small-scale solar wall integrating phase change material[J]. Solar energy,2012,86(1):208-219.

[120] DUAN S P,WANG L,ZHAO Z Q,et al. Experimental study on thermal performance of an integrated PCM Trombe wall[J]. Renewable energy, 2021,163:1932-1941.

[121] ZHU N,DENG R J,HU P F,et al. Coupling optimization study of key influencing factors on PCM Trombe wall for year thermal management [J]. Energy,2021,236:121470.

[122] DUAN S P,LI H X,ZHAO Z Q,et al. Investigation on heating performance of an integrated phase change material Trombe wall based on state space method[J]. Journal of energy storage,2021,38:102460.

[123] 中国建设报. 国家发改委:布局绿色建筑再升级[J]. 中国建筑金属结构, 2015(7):22-23.

[124] 国务院. 国务院关于印发“十四五”节能减排综合工作方案的通知[EB/OL]. (2021-12-28)[2024-08-16]. https://www. gov. cn/zhengce/content/2022-01/24/content_5670202. htm.

[125] 刘启波,周若祁. 寒冷地区既有公共建筑节能改造技术群评析及构建[J]. 建筑技术,2014,45(11):1045-1048.

[126] 中国建筑科学研究院. 绿色建筑评价技术细则:2015[M]. 北京:中国建筑工业出版社,2015.

[127] 黄美芳. 多联机空调系统设计应用于绿色建筑中的价值探究[J]. 居舍,

2024(31):80-82.
[128] 张建斌.照明控制与节能研究[D].北京:北京工业大学,2008.
[129] 胥义,刘道平.徐州地区的太阳能资源利用前景分析[J].能源研究与利用,2001(4):18-20.
[130] 李荣.浅析绿色住宅建筑公共设施用能分项计量的必要性[J].陕西建筑,2016(10):4.